航天工程系列精品出版项目
南京航空航天大学规划教材资助项目

航空航天工程

优化理论与算法

赵吉松 尚 腾 编著

北京理工大学出版社
BEIJING INSTITUTE OF TECHNOLOGY PRESS

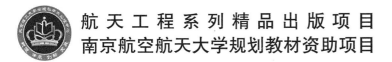

内容简介

本书基于编者多年的教学、研究和实践经验而编写，主要介绍一些优化理论与算法及其在航空航天中的应用，包括优化的基本概念、线性优化、一维搜索、无约束非线性规划、约束非线性规划、飞行器轨迹优化以及飞行器总体参数优化等。

本书突出优化知识的编程应用，弱化（或省略）部分定理的证明过程；在介绍每个知识点后，给出与之对应的 MATLAB 编程案例；第 6 章和第 7 章给出了优化知识在航空航天工程领域的综合应用案例，以直观展示优化的效果。

本书既可作为航空航天相关专业优化设计相关课程的教学参考书，也可供从事优化理论与算法研究和工程应用的科技人员参考。

图书在版编目（CIP）数据

航空航天工程优化理论与算法 / 赵吉松，尚腾编著. --北京：北京理工大学出版社，2022.6

ISBN 978-7-5763-1363-5

Ⅰ.①航… Ⅱ.①赵… ②尚… Ⅲ.①航空工程-最佳化理论 ②航空工程-最优化算法 ③航天工程-最优化算法 ④航天工程-最佳化理论 Ⅳ.①V

中国版本图书馆 CIP 数据核字(2022)第 097080 号

出版发行 / 北京理工大学出版社有限责任公司
社　　址 / 北京市海淀区中关村南大街 5 号
邮　　编 / 100081
电　　话 /（010）68914775（总编室）
　　　　　（010）82562903（教材售后服务热线）
　　　　　（010）68944723（其他图书服务热线）
网　　址 / http://www.bitpress.com.cn
经　　销 / 全国各地新华书店
印　　刷 / 保定市中画美凯印刷有限公司
开　　本 / 787 毫米×1092 毫米　1/16
印　　张 / 9.75
彩　　插 / 2
字　　数 / 205 千字
版　　次 / 2022 年 6 月第 1 版　2022 年 6 月第 1 次印刷
定　　价 / 42.00 元

责任编辑 / 曾　仙
文案编辑 / 曾　仙
责任校对 / 刘亚男
责任印制 / 李志强

PREFACE

前言

优化理论与算法是一门应用相当广泛的学科，在航空航天、机械、土木、材料和化工等领域有着广泛的应用。近年来，随着计算机技术和数值计算技术的快速发展，国内外学者和工程技术人员对优化理论与算法及其工程应用开展了大量的研究工作，取得了一系列研究成果。

在航空航天领域，优化可以显著提高设计水平和设计效率，近年来逐渐得到该领域工程技术人员的重视。本书主要介绍优化理论与算法及其在航空航天领域中的应用，主要内容包括优化的基本概念、线性规划、一维搜索、无约束非线性规划、约束非线性规划、飞行器轨迹优化以及飞行器总体参数优化等。为了突出实用性和便于阅读，本书突出优化知识的编程应用，弱化或者略去了一些定理的烦琐证明过程。

本书的特点：对优化理论与算法的每个知识点，在介绍其原理和算法流程之后，结合 MATLAB 编程，给出相关知识点的编程案例，以锻炼读者应用所学知识通过编程解决实际问题的能力；在最后两章，结合编者的科研工作，以飞行器轨迹优化和总体设计参数优化为例，给出优化理论与算法在航空航天领域的应用案例。本书既可作为航空航天相关专业优化设计相关课程的教学参考书，也可供从事优化理论与算法研究和工程应用的科技人员参考。

本书由南京航空航天大学赵吉松、北京航天自动控制研究所尚腾编写，赵吉松负责第 1、2、4、7 章，尚腾负责第 3、5、6 章。本书的出版得到了南京航空航天大学规划教材资助项目和南京航空航天大学航天学院“航天工程系列精品出版项目”的资助，对此深表感谢。在本书编写过程中，研究生李畅、朱博灵、杨美和李佳参与了书稿的绘图和文字校对工作，所授课班级的学生们对书稿提出了很好的建议，在此表示感谢。此外，本书的出版得到了北京理工大学出版社的大力支持，特别是曾仙、李颖颖等编辑为本书付出了辛勤劳动，在此一并表示感谢。

由于编者水平有限，书中难免有不妥之处，欢迎读者批评指正。

2022 年 4 月

目　录

CONTENTS

第 1 章

概　　述

工程优化，顾名思义是寻求最佳的工程效益和最佳工程设计方案。优化是指在给定的约束条件下，从众多可能产生的方案中获取最好结果的行为。其中，达到最优目标的方案称为最优方案，搜索最优方案的方法称为最优化方法，这种方法的数学理论称为最优化理论。优化在航空航天、机械、土木、材料和化工等领域有着广泛的应用。最优化理论与方法是一个重要的数学分支。

1.1　航空航天与优化

在航空航天领域，优化的应用涉及飞行器总体设计优化、气动外形优化、飞行轨迹优化、最优控制、结构设计优化等方面。接下来，通过翼型剖面优化、轨迹优化、飞行器几何构型优化等例子介绍优化在航空航天领域的应用。

例 1.1.1　翼型剖面优化。

翼型产生升力是因为其上下表面的气流速度不同导致压强不同（下表面的压强大于上表面的压强）。显然，不同的截面形状产生的升阻力不同。如何设计翼型的剖面形状，使得在满足结构强度、刚度等约束情况下升阻比尽可能大，显然是一个优化问题。由于翼型上下表面为连续曲线，为了对其优化，可沿 x 方向将翼型上下表面均匀等分，对各离散点处的 y 坐标进行优化，如图 1.1 所示。

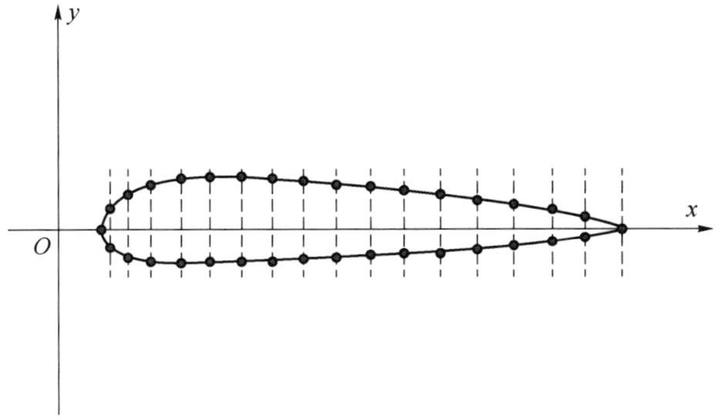

图 1.1　翼型剖面优化示例（附彩图）

例 1.1.2 巡航导弹飞行轨迹优化。

巡航导弹是一种重要的远程攻击武器，如图 1.2 所示，在现代战争中的作用越发重要。如何设计导弹的飞行轨迹使其射程最远或者击中预定目标所需的时间最短等，都是有实际意义的问题。随着作战环境的复杂化，在设计轨迹时还要求避开山脉、敌方拦截区等，这是一个复杂的多约束优化问题。

图 1.2 “战斧”巡航导弹

例 1.1.3 运载火箭发射轨迹优化。

运载火箭在发射过程中沿不同的上升轨迹飞往目标轨道所需耗费的燃料量不同，如图 1.3 所示。如何确定上升轨迹使得火箭在上升过程中最省燃料，这显然是一个优化问题。该优化问题除了要求入轨质量最大化，还要求在入轨时的飞行参数刚好满足入轨条件（包括速度、高度、当地航迹角、轨道倾角等约束）。

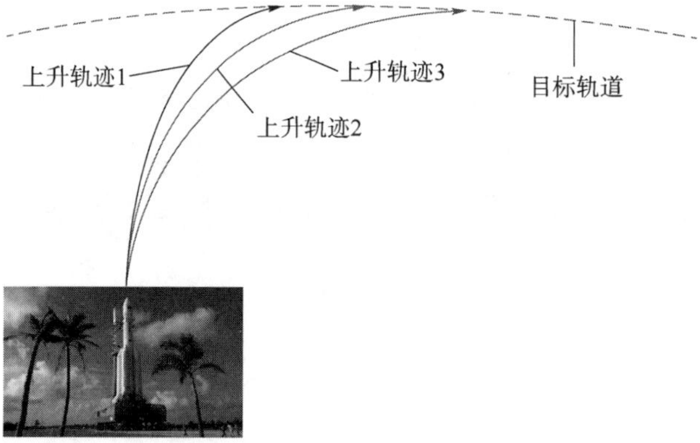

图 1.3 运载火箭上升轨迹优化示例

例 1.1.4 飞行器几何构型优化。

对于图 1.4 所示的高超声速巡航飞行器，质量和航程与几何构型密切相关。如何确定最优几何构型参数，使得飞行器在给定的质量约束情况下航程最远，或者说在航程相同的情况下飞行器的质量最小，这显然是一个优化问题。

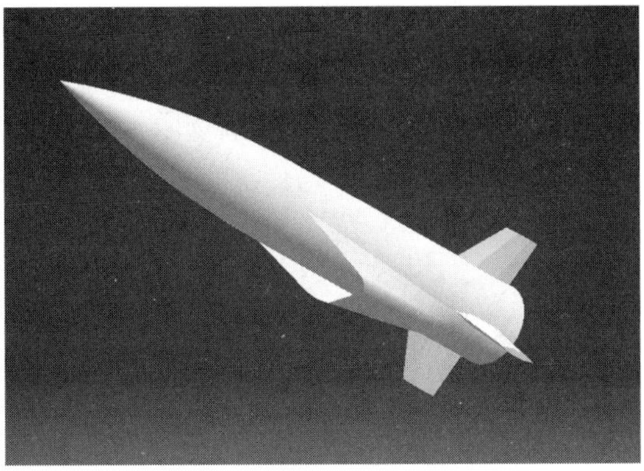

图 1.4　高超声速巡航飞行器几何构型示例

优化在航空航天领域的应用非常广泛，这里不再一一详细举例。

1.2　优化的历史与现状

事实上，自人类文明社会开始以来，优化一直是人们在生产和社会活动中追求的目标。公元前 500 年，古希腊在讨论建筑美学中就已发现长方形的长与宽的最佳比例为 1.618。公元前 300 年前后，欧几里得撰写《几何原本》，这是最早的有关黄金分割的论著。在微积分出现以前，已有许多学者开始研究用数学方法解决最优化问题。阿基米德证明：给定周长，圆所包围的面积为最大。这就是欧洲古代城堡几乎都建成圆形的原因。

17 世纪，牛顿与莱布尼茨提出了函数的极值问题，后来出现了求解约束非线性规划的拉格朗日乘子法。1847 年，柯西研究了函数值沿什么方向下降最快的问题，提出了最速下降法（又称梯度法）。1939 年，苏联经济学家坎托罗维奇（Канторович）提出解决下料问题和运输问题这两种线性规划问题的求解方法。1947 年，美国数学家 Dantzig 提出解线性规划问题的单纯形法，被称为“20 世纪最伟大的创作之一”。1951 年，Kuhn 和 Tucker 提出最优性必要条件，完成了非线性规划的基础工作。

近几十年来，随着计算机技术和数值计算技术的发展，最优化理论和算法发展十分迅速，应用越来越广泛，已经成为一个庞大的研究领域。

1.3　线性规划与非线性规划

若优化模型的目标函数和约束函数都是线性的，则称为线性规划（linear programming，LP）；若优化模型的目标函数或者约束函数中含有非线性函数，则称为非线性规划（nonlinear programming，NLP）。

例 1.3.1 生产计划问题。

设某工厂用 4 种资源生产 3 种产品，每单位第 j 种产品需要第 i 种资源的数量为 a_{ij}，可获利润为 c_j，第 i 种资源总消耗量不能超过 b_i，受市场限制，第 j 种产品的产量不超过 d_j。如何安排生产才能使总利润最大？

解析 设 3 种产品的产量分别为 x_1、x_2 和 x_3，优化模型如下：

$$\max \sum_{j=1}^{3} c_j x_j \tag{1.1}$$

$$\text{s.t.} \sum_{j=1}^{3} a_{ij} x_j \leqslant b_i,\ i=1,2,3,4;\ j=1,2,3$$

$$x_j \leqslant d_j$$

$$x_j \geqslant 0$$

例 1.3.2 食谱问题。

设市场上可买到 n 种不同的食品，第 j 种食品单位售价为 c_j。每种食品含有 m 种营养成分，第 j 种食品每单位含第 i 种营养成分为 a_{ij}。设每人每天对第 i 种营养成分的需要量不少于 b_i。试确定在保证营养要求条件下的最经济食谱。

解析 设每人每天需要各种食品的量分别为 $x_1,x_2,\cdots,x_n$，优化模型如下：

$$\min \sum_{j=1}^{n} c_j x_j \tag{1.2}$$

$$\text{s.t.} \sum_{j=1}^{n} a_{ij} x_j \geqslant b_i,\ i=1,2,\cdots,m$$

$$x_j \geqslant 0, \qquad j=1,2,\cdots,n$$

例 1.3.3 结构设计优化问题。

如图 1.5 所示，已知桁架的跨度 $2L$，高度 x_2 的上限 H，承受负荷 $2P$，钢管的壁面厚度 T，材料密度 ρ，纵向弹性模量 E 及容许强度应力 σ_y。试确定钢管的直径 x_1 和桁架的高度 x_2，使得桁架的质量最小。

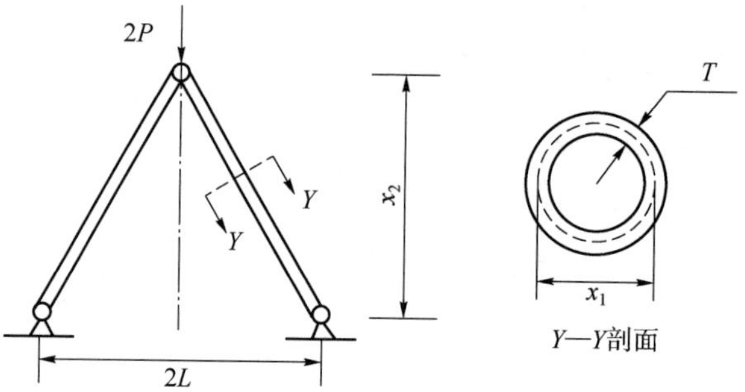

图 1.5 桁架结构受力示意图

解析 钢管横截面积 A 为

$$A=\pi\left(\frac{x_1}{2}+\frac{T}{2}\right)^2-\pi\left(\frac{x_1}{2}-\frac{T}{2}\right)^2=\pi T x_1$$

压杆的应力 σ 为

$$\sigma=\frac{P\cdot(L^2+x_2^2)^{1/2}}{\pi T x_1 x_2}$$

压杆临界应力 σ_{cr} 的欧拉公式为

$$\sigma_{\mathrm{cr}}=\frac{\pi^2 E}{(ul/i)^2}$$

式中，u 为长度系数，在此 $u=1$；l 为压杆的长度；$i=\sqrt{I/A}$，I 为杆截面对中性轴的最小惯性矩。

钢管的应力需要同时小于压杆临界应力和强度应力，同时考虑各参数的物理意义和几何约束，据此可得到该问题的优化模型为

$$\begin{aligned}
&\min\ 2\pi\rho T x_1\cdot\sqrt{(L^2+x_2^2)} \\
&\text{s.t.}\ \ x_2\leqslant H \\
&\qquad \frac{P\cdot\sqrt{(L^2+x_2^2)}}{\pi T x_1 x_2}\leqslant\sigma_y \\
&\qquad \frac{P\cdot\sqrt{(L^2+x_2^2)}}{\pi T x_1 x_2}\leqslant\frac{\pi^2 E\cdot(x_1^2+T^2)}{8(L^2+x_2^2)} \\
&\qquad x_1,x_2\geqslant 0
\end{aligned}\tag{1.3}$$

例 1.3.4 选址问题。

设有 n 个市场，第 j 个市场的位置为 (a_i,b_j)，对某种货物的需要量为 $q_j(j=1,2,\cdots,n)$。现计划建立 m 个货栈，第 i 个货栈的容量为 $c_i(i=1,2,\cdots,m)$。试确定货栈的位置，使各货栈到各市场的运输量与路程乘积之和最小。

解析 设第 i 个货栈的位置为(x_i,y_i),$i=1,2,\cdots,m$，第 i 个货栈供给第 j 个市场的货物量为 $W_{ij}(i=1,2,\cdots,m;\ j=1,2,\cdots,n)$，优化模型如下：

$$\begin{aligned}
&\min\ \sum_{i=1}^{m}\left(\sum_{j=1}^{n}W_{ij}\sqrt{(x_i-a_j)^2+(y_i-b_j)^2}\right) \\
&\text{s.t.}\ \sum_{j=1}^{n}W_{ij}\leqslant c_i,\ i=1,2,\cdots,m \\
&\qquad \sum_{i=1}^{m}W_{ij}=q_j,\ j=1,2,\cdots,n \\
&\qquad W_{ij}\geqslant 0,\qquad i=1,2,\cdots,m;\ j=1,2,\cdots,n
\end{aligned}\tag{1.4}$$

【定义 1.3.1】 在线性与非线性规划中，满足约束条件的点称为可行点（可行解），全体可行点（可行解）组成的集合称为可行集或可行域。

优化是在各种可行方案中选优，因此需要优化的问题必须有可行解。如果一个问题的可行集是整个空间，那么此问题就称为无约束问题。

1.4 全局最优解与局部最优解

【定义 1.4.1】 设$f(\boldsymbol{x})$为目标函数，S为可行域，$\bar{\boldsymbol{x}}\in S$，若对每个$\boldsymbol{x}\in S$，$f(\boldsymbol{x})\geqslant f(\bar{\boldsymbol{x}})$，则称$\bar{\boldsymbol{x}}$为$f(\boldsymbol{x})$在$S$上的全局极小点；若对每个$\boldsymbol{x}\in S$，$f(\boldsymbol{x})>f(\bar{\boldsymbol{x}})$，则称$\bar{\boldsymbol{x}}$为$f(\boldsymbol{x})$在$S$上的严格全局极小点。

【定义 1.4.2】 设$f(\boldsymbol{x})$为目标函数，S为可行域，若存在$\bar{\boldsymbol{x}}\in S$的邻域$N(\bar{\boldsymbol{x}},\varepsilon)$，使得对于$\boldsymbol{x}\in S\cap N(\bar{\boldsymbol{x}},\varepsilon)$，$f(\boldsymbol{x})\geqslant f(\bar{\boldsymbol{x}})$，则称$\bar{\boldsymbol{x}}$为$f(\boldsymbol{x})$在$S$上的一个局部极小点；同样，若$f(\boldsymbol{x})>f(\bar{\boldsymbol{x}})$，则称$\bar{\boldsymbol{x}}$为严格局部极小点。

图 1.6 所示为全局极小点与局部极小点示例。

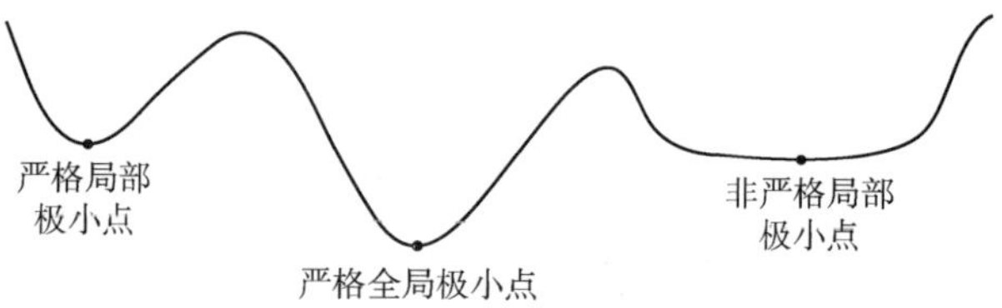

图 1.6 全局极小点与局部极小点

1.5 凸集、凸函数与凸规划

【定义 1.5.1】 凸集定义：设S为n维欧氏空间$\mathbf{R}^n$中的一个集合。若对S中任意两点，连接它们的线段仍属于S；换言之，对S中任意两点$\boldsymbol{x}^{(1)}$、$\boldsymbol{x}^{(2)}$及每个实数$\lambda\in[0,1]$，都有

$$\lambda\boldsymbol{x}^{(1)}+(1-\lambda)\boldsymbol{x}^{(2)}\in S \tag{1.5}$$

则称S为凸集。$\lambda\boldsymbol{x}^{(1)}+(1-\lambda)\boldsymbol{x}^{(2)}$称为$\boldsymbol{x}^{(1)}$和$\boldsymbol{x}^{(2)}$的凸组合。

图 1.7 所示为凸集示例，图 1.8 所示为非凸集示例。

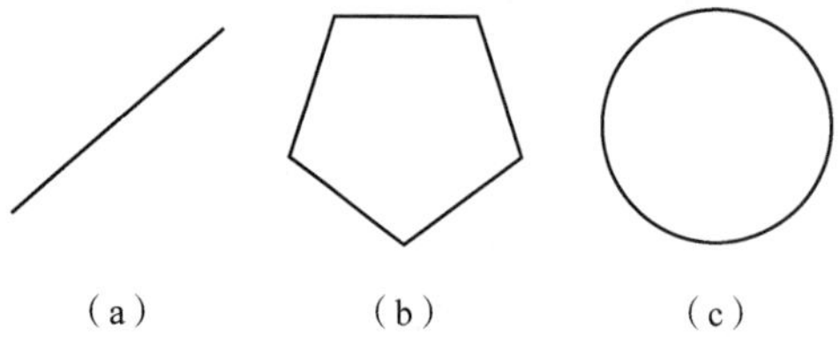

图 1.7 凸集示例

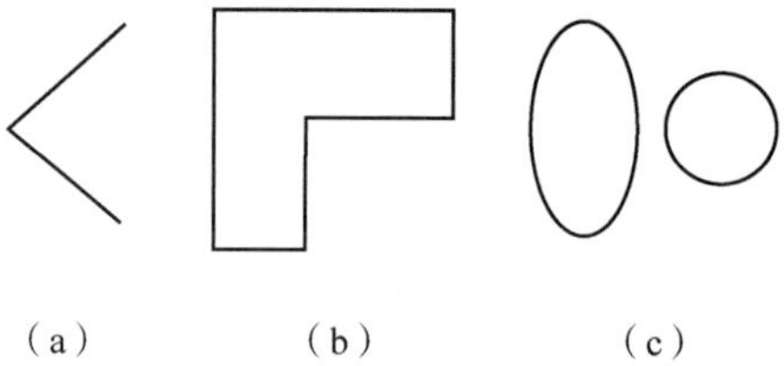

图 1.8 非凸集示例

【**定义 1.5.2**】凸函数定义：设 S 为 $\mathbf{R}^n$ 中的非空凸集，$f(\boldsymbol{x})$ 是定义在 S 上的实函数。如果对任意的 $\boldsymbol{x}^{(1)} \in S$，$\boldsymbol{x}^{(2)} \in S$ 及每个实数 $\lambda \in (0,1)$，都有

$$f(\lambda \boldsymbol{x}^{(1)} + (1-\lambda)\boldsymbol{x}^{(2)}) \leqslant \lambda f(\boldsymbol{x}^{(1)}) + (1-\lambda) f(\boldsymbol{x}^{(2)}) \tag{1.6}$$

则称 $f(\boldsymbol{x})$ 为 S 上的凸函数；如果在式（1.6）中仅“<”成立，则称 $f(\boldsymbol{x})$ 为 S 上的严格凸函数。如果 $f(\boldsymbol{x})$ 为 S 上的凸函数，则称 $-f(\boldsymbol{x})$ 为 S 上的凹函数。

图 1.9 所示为凸函数与凹函数示例。

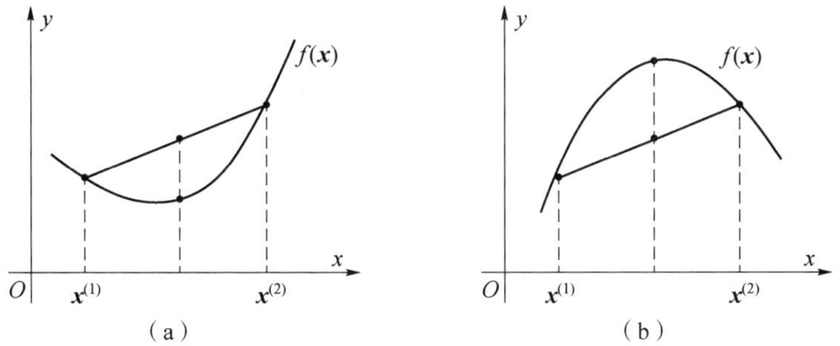

图 1.9 凸函数与凹函数示例

(a) 凸函数；(b) 凹函数

考虑下列极小化问题：

$$\begin{aligned} &\min f(\boldsymbol{x}) \\ &\text{s.t. } g_i(\boldsymbol{x}) \leqslant 0, \quad i = 1,2,\cdots,m \\ &\quad\ \ h_j(\boldsymbol{x}) = 0, \quad j = 1,2,\cdots,l \end{aligned} \tag{1.7}$$

设 $f(\boldsymbol{x})$ 是凸函数，$g_i(\boldsymbol{x})$ 是凸函数，$h_j(\boldsymbol{x})$ 是线性函数。该问题的可行域是

$$S = \{\boldsymbol{x} \mid g_i(\boldsymbol{x}) \leqslant 0, i = 1,2,\cdots,m;\ h_j(\boldsymbol{x}) = 0, j = 1,2,\cdots,l\} \tag{1.8}$$

根据定义，线性函数 $h_j(\boldsymbol{x})$ 既是凸函数也是凹函数，原因如下：

$$h_j(\lambda \boldsymbol{x}^{(1)} + (1-\lambda)\boldsymbol{x}^{(2)}) = \lambda h_j(\boldsymbol{x}^{(1)}) + (1-\lambda) h_j(\boldsymbol{x}^{(2)}) \tag{1.9}$$

因此，满足 $h_j(\boldsymbol{x}) = 0$ 的点的集合也是凸集，S 为 $m + l$ 个凸集的交集，仍为凸集。因此，上述问题是求凸函数在凸集上的极小点，这类问题称为凸规划。

【**定理 1.5.1**】凸规划全局最优性定理：设 S 是 $\mathbf{R}^n$ 中的非空凸集，$f(\boldsymbol{x})$ 是定义在 S 上的凸函数，则 $f(\boldsymbol{x})$ 在 S 上的局部极小点是全局极小点，且极小点的集合为凸集。

注意：如果式（1.7）中的 $h_j(\boldsymbol{x})$ 是非线性函数，那么满足 $h_j(\boldsymbol{x}) = 0$ 的点的集合不是凸集，因而该方程所描述的问题就不属于凸规划。

1.6 基本数学概念

1.6.1 向量范数

对于向量 $\boldsymbol{x} \in \mathbf{R}^n$（本书中的向量默认为列向量），$L_p$ 范数为

$$\|\boldsymbol{x}\|_p = \left(\sum_{i=1}^{n} |x_i|^p\right)^{\frac{1}{p}},\ 1 \leqslant p \leqslant \infty \tag{1.10}$$

常用的向量范数包括 L_1 范数、L_2 范数和 L_∞ 范数，分别定义如下：

$$\|\boldsymbol{x}\|_1 = \sum_{i=1}^{n} |x_i| \tag{1.11}$$

$$\|\boldsymbol{x}\|_2 = \left(\sum_{i=1}^{n} |x_i|^2\right)^{\frac{1}{2}} \tag{1.12}$$

$$\|\boldsymbol{x}\|_\infty = \max_i |x_i| \tag{1.13}$$

其中，L_2 范数的脚标“2”通常可省略，即默认范数为 L_2 范数。

1.6.2 泰勒展开

假设在开集 $S \subset \mathbf{R}^n$ 上 $f(\boldsymbol{x}) \in C^1(S)$，给定点 $\bar{\boldsymbol{x}} \in S$，则 $f(\boldsymbol{x})$ 在点 $\bar{\boldsymbol{x}}$ 的一阶泰勒（Taylor）展开式为

$$f(\boldsymbol{x}) = f(\bar{\boldsymbol{x}}) + \nabla f(\bar{\boldsymbol{x}})^{\mathrm{T}}(\boldsymbol{x} - \bar{\boldsymbol{x}}) + o(\|\boldsymbol{x} - \bar{\boldsymbol{x}}\|) \tag{1.14}$$

假设在开集 $S \subset \mathbf{R}^n$ 上 $f(\boldsymbol{x}) \in C^2(S)$，则 $f(\boldsymbol{x})$ 在点 $\bar{\boldsymbol{x}}$ 的二阶泰勒展开式为

$$f(\boldsymbol{x}) = f(\bar{\boldsymbol{x}}) + \nabla f(\bar{\boldsymbol{x}})^{\mathrm{T}}(\boldsymbol{x} - \bar{\boldsymbol{x}}) + \frac{1}{2}(\boldsymbol{x} - \bar{\boldsymbol{x}})^{\mathrm{T}} \nabla^2 f(\bar{\boldsymbol{x}})(\boldsymbol{x} - \bar{\boldsymbol{x}}) + o(\|\boldsymbol{x} - \bar{\boldsymbol{x}}\|^2) \tag{1.15}$$

1.6.3 梯度与黑塞矩阵

函数 $f(\boldsymbol{x})$ 在 $\boldsymbol{x}$ 处的梯度为 n 维列向量，定义如下：

$$\nabla f(\boldsymbol{x}) = \frac{\partial f(\boldsymbol{x})}{\partial \boldsymbol{x}} = \left[\frac{\partial f(\boldsymbol{x})}{\partial x_1}, \frac{\partial f(\boldsymbol{x})}{\partial x_2}, \cdots, \frac{\partial f(\boldsymbol{x})}{\partial x_n}\right]^{\mathrm{T}} \tag{1.16}$$

$$\begin{aligned} f'(\boldsymbol{x}) &= [\nabla f(\boldsymbol{x})]^{\mathrm{T}} \\ &= \frac{\partial f(\boldsymbol{x})}{\partial \boldsymbol{x}^{\mathrm{T}}} = \left[\frac{\partial f(\boldsymbol{x})}{\partial x_1}, \frac{\partial f(\boldsymbol{x})}{\partial x_2}, \cdots, \frac{\partial f(\boldsymbol{x})}{\partial x_n}\right] \end{aligned} \tag{1.17}$$

函数 $f(\boldsymbol{x})$ 在 $\boldsymbol{x}$ 处的黑塞矩阵（Hessian matrix）为 $n \times n$ 矩阵，定义如下：

$$\nabla^2 f(\boldsymbol{x}) = \frac{\partial}{\partial \boldsymbol{x}^{\mathrm{T}}}\left(\frac{\partial f(\boldsymbol{x})}{\partial \boldsymbol{x}}\right) = \frac{\partial}{\partial \boldsymbol{x}}\left(\frac{\partial f(\boldsymbol{x})}{\partial \boldsymbol{x}^{\mathrm{T}}}\right) \tag{1.18}$$

式中，$\nabla^2 f(\boldsymbol{x})$ 的第 i 行第 j 列元素为

$$[\nabla^2 f(\boldsymbol{x})]_{ij} = \frac{\partial^2 f(\boldsymbol{x})}{\partial x_i \partial x_j},\ 1 \leqslant i, j \leqslant n \tag{1.19}$$

1.6.4 雅可比矩阵

雅可比矩阵（Jacobian matrix）也称为一阶偏导数矩阵。向量函数 $\boldsymbol{h}(\boldsymbol{x}) = [h_1(\boldsymbol{x}), h_2(\boldsymbol{x}), \cdots, h_m(\boldsymbol{x})]^{\mathrm{T}}$ 对自变量求偏导数得到的雅可比矩阵为

$$J = \frac{\partial \boldsymbol{h}(\boldsymbol{x})}{\partial \boldsymbol{x}^{\mathrm{T}}} = \begin{bmatrix} \frac{\partial h_1(\boldsymbol{x})}{\partial x_1} & \frac{\partial h_1(\boldsymbol{x})}{\partial x_2} & \cdots & \frac{\partial h_1(\boldsymbol{x})}{\partial x_n} \\ \frac{\partial h_2(\boldsymbol{x})}{\partial x_1} & \frac{\partial h_2(\boldsymbol{x})}{\partial x_2} & \cdots & \frac{\partial h_2(\boldsymbol{x})}{\partial x_n} \\ \vdots & \vdots & & \vdots \\ \frac{\partial h_m(\boldsymbol{x})}{\partial x_1} & \frac{\partial h_m(\boldsymbol{x})}{\partial x_2} & \cdots & \frac{\partial h_m(\boldsymbol{x})}{\partial x_n} \end{bmatrix} \tag{1.20}$$

该矩阵称为向量函数 $\boldsymbol{h}(\boldsymbol{x})$ 对 $\boldsymbol{x}$ 的导数，记作 $\boldsymbol{h}'(\boldsymbol{x})$ 或 $[\nabla \boldsymbol{h}(\boldsymbol{x})]^{\mathrm{T}}$。

$$\nabla \boldsymbol{h}(\boldsymbol{x}) = \frac{\partial \boldsymbol{h}(\boldsymbol{x})^{\mathrm{T}}}{\partial \boldsymbol{x}} = [\nabla h_1(\boldsymbol{x}), \nabla h_2(\boldsymbol{x}), \cdots, \nabla h_m(\boldsymbol{x})] \tag{1.21}$$

1.6.5 链式求导法则

设有复合函数 $\boldsymbol{h}(\boldsymbol{x})=\boldsymbol{f}(\boldsymbol{g}(\boldsymbol{x}))$，其中向量值函数 $\boldsymbol{f}(\boldsymbol{g})$ 和 $\boldsymbol{g}(\boldsymbol{x})$ 均可微，并且有 $\boldsymbol{x} \in D^n \in \mathbf{R}^n$，$\boldsymbol{g}: D^n \to D_1^m$，$\boldsymbol{f}: D_2^m \to \mathbf{R}^k$，$D_1^m \subset D_2^m$，$\boldsymbol{h}: D^n \to \mathbf{R}^k$。那么，根据复合函数求导数的链式法则可得：

$$\boldsymbol{h}'(\boldsymbol{x}) = \boldsymbol{f}'[\boldsymbol{g}(\boldsymbol{x})] \cdot \boldsymbol{g}'(\boldsymbol{x}),\ \boldsymbol{x} \in D^n \tag{1.22}$$

例 1.6.1 设有复合函数 $\boldsymbol{h}(\boldsymbol{x}) = \boldsymbol{f}[\boldsymbol{u}(\boldsymbol{x})]$，其中

$$\boldsymbol{f}[\boldsymbol{u}(\boldsymbol{x})] = \begin{bmatrix} f_1[\boldsymbol{u}(\boldsymbol{x})] \\ f_2[\boldsymbol{u}(\boldsymbol{x})] \end{bmatrix} = \begin{bmatrix} u_1^2(\boldsymbol{x}) - u_2(\boldsymbol{x}) \\ u_1(\boldsymbol{x}) + u_2^2(\boldsymbol{x}) \end{bmatrix},\quad \boldsymbol{u}(\boldsymbol{x}) = \begin{bmatrix} u_1(\boldsymbol{x}) \\ u_2(\boldsymbol{x}) \end{bmatrix} = \begin{bmatrix} x_1 + x_3 \\ x_2^2 - x_3 \end{bmatrix}$$

利用复合函数求导法则计算 $\boldsymbol{h}(\boldsymbol{x})$ 的偏导数。

解析 根据复合函数链式求导规则，可得：

$$\boldsymbol{h}'(\boldsymbol{x}) = \boldsymbol{f}'[\boldsymbol{u}(\boldsymbol{x})] \cdot \boldsymbol{u}'(\boldsymbol{x}) = \begin{bmatrix} 2u_1 & -1 \\ 1 & 2u_2 \end{bmatrix} \begin{bmatrix} 1 & 0 & 1 \\ 0 & 2x_2 & -1 \end{bmatrix}$$

1.6.6 隐函数存在定理

【定理 1.6.1】 设函数 $F(x,y)$ 在点 (x_0,y_0) 的某一邻域内满足：

(1) 具有连续的偏导数；

(2) $F(x_0,y_0)=0$；

(3) $F_y(x_0,y_0) \neq 0$；

则方程 $F(x_0,y_0)=0$ 在 x_0 的某邻域内可唯一确定一个单值连续函数 $y=f(x)$，满足条件 $y_0 = f(x_0)$，并有连续导数

$$\frac{\mathrm{d}y}{\mathrm{d}x} = -\frac{F_x}{F_y} \tag{1.23}$$

分析 设 $y=f(x)$ 为方程 $F(x,y)=0$ 所确定的隐函数，易知

$$F(x,f(x))=0$$

对上式两边求导可得：

$$\frac{\partial F}{\partial x}+\frac{\partial F}{\partial y}\cdot\frac{\mathrm{d}y}{\mathrm{d}x}=0$$

由于 $F_y(x_0,y_0)\neq 0$，因此将该式变形可得：

$$\frac{\mathrm{d}y}{\mathrm{d}x}=-\frac{F_x}{F_y}$$

【定理 1.6.2】 设函数 $F(x,y,z)$ 满足：

(1) 在点 $P(x_0,y_0,z_0)$ 的某邻域内具有连续偏导数；

(2) $F(x_0,y_0,z_0)=0$；

(3) $F(x_0,y_0,z_0)\neq 0$；

则方程 $F(x,y,z)=0$ 在 (x_0,y_0) 的某邻域内可唯一确定一个单值连续函数 $z=f(x,y)$，满足 $z_0=f(x_0,y_0)$，并有连续偏导数

$$\frac{\mathrm{d}z}{\mathrm{d}x}=-\frac{F_x}{F_z} \tag{1.24}$$

$$\frac{\mathrm{d}z}{\mathrm{d}y}=-\frac{F_y}{F_z} \tag{1.25}$$

隐函数存在定理还可以推广到方程组的情形。以两个方程的情况为例：

$$\begin{cases}F(x,y,u,v)=0\\G(x,y,u,v)=0\end{cases}$$

式中，

$$\begin{cases}u=u(x,y)\\v=v(x,y)\end{cases}$$

由 F、G 的偏导数组成的行列式称为雅可比行列式，即

$$J=\left|\frac{\partial(F,G)^{\mathrm{T}}}{\partial(u,v)}\right|=\begin{vmatrix}F_u & F_v\\G_u & G_v\end{vmatrix} \tag{1.26}$$

那么

$$\begin{cases}\dfrac{\partial u}{\partial x}=-\dfrac{1}{J}\left|\dfrac{\partial(F,G)^{\mathrm{T}}}{\partial(x,v)}\right|, & \dfrac{\partial u}{\partial y}=-\dfrac{1}{J}\left|\dfrac{\partial(F,G)^{\mathrm{T}}}{\partial(y,v)}\right|\\[2ex]\dfrac{\partial v}{\partial x}=-\dfrac{1}{J}\left|\dfrac{\partial(F,G)^{\mathrm{T}}}{\partial(u,x)}\right|, & \dfrac{\partial v}{\partial y}=-\dfrac{1}{J}\left|\dfrac{\partial(F,G)^{\mathrm{T}}}{\partial(u,y)}\right|\end{cases} \tag{1.27}$$

习 题

1. 请列举一个航空航天领域的工程优化问题。

2. 已知$f(\boldsymbol{x})=x_1^4+2x_1x_2+3(1+x_2)^2+4(x_1+x_3)^2$，其中$\boldsymbol{x}=[x_1,x_2,x_3]^{\mathrm{T}}$，请写出$\nabla f(\boldsymbol{x})$和$\nabla^2 f(\boldsymbol{x})$的表达式，计算在$\boldsymbol{x}=[1,2,3]^{\mathrm{T}}$处$\nabla f(\boldsymbol{x})$和$\nabla^2 f(\boldsymbol{x})$的值。

3. 设有复合函数$\boldsymbol{h}(\boldsymbol{x})=\boldsymbol{f}[\boldsymbol{u}(\boldsymbol{x})]$，其中$\boldsymbol{x}=[x_1,x_2]^{\mathrm{T}}$，$\boldsymbol{f}(\boldsymbol{u})$和$\boldsymbol{u}(\boldsymbol{x})$定义如下：

$$\boldsymbol{f}(\boldsymbol{u})=\begin{bmatrix} f_1(\boldsymbol{u}) \\ f_2(\boldsymbol{u}) \end{bmatrix}=\begin{bmatrix} 2u_1^2-3u_2 \\ 4u_1+5u_2^2 \end{bmatrix},\ \boldsymbol{u}(\boldsymbol{x})=\begin{bmatrix} u_1(\boldsymbol{x}) \\ u_2(\boldsymbol{x}) \end{bmatrix}=\begin{bmatrix} 2x_1+3x_3 \\ 4x_2^2-5x_3 \end{bmatrix}$$

请写出$\dfrac{\partial \boldsymbol{h}(\boldsymbol{x})}{\partial \boldsymbol{x}^{\mathrm{T}}}$的表达式（提示：可写成矩阵相乘的形式）。

第 2 章

线性规划

2.1 引　　言

线性规划（linear programming，LP）是运筹学中研究较早、发展较快、应用广泛、方法较成熟的一个重要分支。线性规划是在线性约束条件下求线性目标函数的极值问题的数学理论和方法。线性规划具有非常成熟的算法，经过有限次迭代即可得到最优解；而非线性规划通常需要多次迭代，且只能逼近最优解。

非线性规划的一些算法（如二次规划法、可行方向法等）都需要用到线性规划知识，特别是近年来在航空航天控制领域中应用较多的序列二次规划、凸规划等算法都以线性规划为基础，因此有必要掌握线性规划知识。

2.2 线性规划的标准形式

2.2.1 线性规划标准形式的定义

单纯形法是求解线性规划的主要算法，于 1947 年由美国数学家 Dantzig 提出。尽管在其后的几十年中又有一些新算法问世，但单纯形法以其简单实用的特色始终保持着绝对的市场占有率。

线性规划的标准形式为

$$\min z = c_1 x_1 + c_2 x_2 + \cdots + c_n x_n \tag{2.1}$$

$$\text{s.t.} \begin{cases} a_{11}x_1 + a_{12}x_2 + \cdots + a_{1n}x_n = b_1 \\ a_{21}x_1 + a_{22}x_2 + \cdots + a_{2n}x_n = b_2 \\ \qquad \vdots \\ a_{m1}x_1 + a_{m2}x_2 + \cdots + a_{mn}x_n = b_m \\ x_j \geqslant 0,\ j = 1,2,\cdots,n \\ b_i \geqslant 0,\ i = 1,2,\cdots,m \end{cases} \tag{2.2}$$

可见，线性规划的标准形式的特征是：min 型、等式约束、非负约束。

线性规划的标准形式可以写成以下矩阵形式：

$$\min z = \boldsymbol{c}^{\mathrm{T}}\boldsymbol{x} \tag{2.3}$$

$$\text{s.t.} \begin{cases} \boldsymbol{Ax} = \boldsymbol{b} \\ \boldsymbol{x} \geqslant \boldsymbol{0} \\ \boldsymbol{b} \geqslant \boldsymbol{0} \end{cases} \tag{2.4}$$

式中，$\boldsymbol{c}=[c_1,c_2,\cdots,c_n]^{\mathrm{T}}$；$\boldsymbol{x}=[x_1,x_2,\cdots,x_n]^{\mathrm{T}}$；$\boldsymbol{b}=[b_1,b_2,\cdots,b_m]^{\mathrm{T}}$；矩阵 $\boldsymbol{A}$ 定义如下：

$$\boldsymbol{A} = \begin{bmatrix} a_{11} & a_{12} & \cdots & a_{1n} \\ a_{21} & a_{22} & \cdots & a_{2n} \\ \vdots & \vdots & & \vdots \\ a_{m1} & a_{m2} & \cdots & a_{mn} \end{bmatrix} \tag{2.5}$$

矩阵 $\boldsymbol{A}$ 的秩为 $m(m \leqslant n)$ 。矩阵 $\boldsymbol{A}$ 称为约束系数矩阵，向量 $\boldsymbol{x}$ 称为决策变量向量，向量 $\boldsymbol{c}$ 称为目标系数向量，向量 $\boldsymbol{b}$ 称为资源约束向量。

2.2.2　非标准形式转化为标准形式的方法

将非标准线性规划转化为标准形式，可采用以下几种方法：

（1）对于目标函数为 max 型，可通过添加负号将其转化为 min 型。例如，对于如下非 min 型的目标函数：

$$\max z = \boldsymbol{c}^{\mathrm{T}}\boldsymbol{x} \tag{2.6}$$

可采用如下方式将其转化为 min 型的目标函数：

$$\min z' = -\boldsymbol{c}^{\mathrm{T}}\boldsymbol{x} \tag{2.7}$$

这是因为求一个函数的极小点，等价于求该函数的反函数的极大点。

注意： max 型转化为 min 型求解后，最优解不变，最优值为其相反数，如图 2.1 所示。

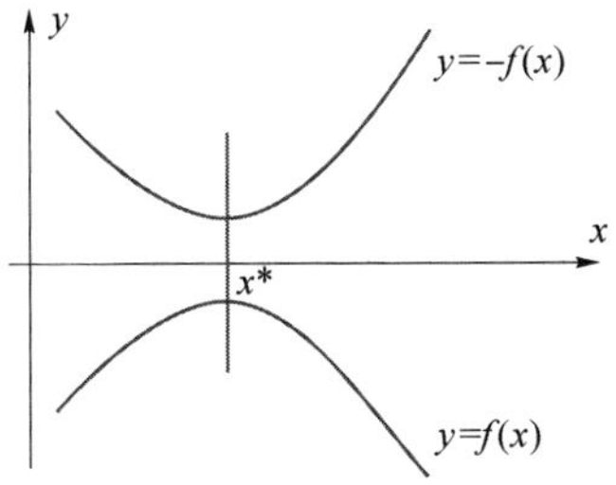

图 2.1　原函数的极大值与反函数极小值（附彩图）

（2）对于“≤”约束，可通过添加松弛变量将其转化为等式约束。例如，对于如下不等式约束：

$$9x_1 + 4x_2 \leqslant 360$$

之所以“不等”，是因为左右两边有一个差额，称为“松弛量”，若在左边加上该松弛量，则可将其转化为等式约束。该松弛量也是变量，记为 $x_3 \geqslant 0$，则有

$$9x_1 + 4x_2 + x_3 = 360$$

式中，变量 x_3称为松弛变量，它的目标系数 $c_3 = 0$。

（3）对于“⩾”约束，可通过添加剩余变量将其转化为等式约束。例如，对于如下不等式约束：

$$5x_1 - 2x_2 \geqslant 2$$

将其左边减去剩余变量 $x_4 \geqslant 0$，构成如下等式约束：

$$5x_1 - 2x_2 - x_4 = 2$$

同样，剩余变量 x_4的目标系数 $c_4 = 0$。

（4）对于自由变量，可通过将其拆分为两个非负变量之差的方式转化为标准形式。例如，当某变量 x_k没有非负要求时，称为自由变量，则可令

$$x_k = x'_k - x''_k, \quad x'_k, x''_k \geqslant 0 \tag{2.8}$$

（5）若某一常数项 $b_i < 0$，则只需要在 b_i相对应的约束方程两边乘以-1，即可将其转化为标准形式。例如，对于如下约束：

$$5x_1 - 2x_2 \geqslant -2$$

将其两边乘以-1，得到

$$-5x_1 + 2x_2 \leqslant 2$$

然后采用前述方法引入松弛变量，即可将其转化为等式约束。

（6）若某个变量 $x_k \leqslant 0$，则添加负号即可将其转化为等式约束，即令

$$x'_k = -x_k \tag{2.9}$$

例 2.2.1 将如下线性规划的约束转化为标准形式：

$$\text{s. t.} \begin{cases} 9x_1 + 4x_2 \leqslant 360 \\ 4x_1 + 5x_2 \leqslant 200 \\ 3x_1 + 10x_2 \leqslant 300 \\ x_1, x_2 \geqslant 0 \end{cases}$$

解析 应用前述介绍的规则，可将其转化为如下标准形式：

$$\text{s. t.} \begin{cases} 9x_1 + 4x_2 + x_3 = 360 \\ 4x_1 + 5x_2 + x_4 = 200 \\ 3x_1 + 10x_2 + x_5 = 300 \\ x_1, x_2, x_3, x_4, x_5 \geqslant 0 \end{cases}$$

可见，松弛变量的系数恰构成单位阵 $\boldsymbol{I}$。如果将松弛变量或剩余变量统一记为 $\boldsymbol{x}_s$，则可以将不等式约束转化为标准形式的方法写成如下矩阵形式：

$$\text{s.t.}\begin{cases}\boldsymbol{Ax}\leqslant\boldsymbol{b}\\ \boldsymbol{x}\geqslant\boldsymbol{0}\end{cases}\Rightarrow\text{s.t.}\begin{cases}\boldsymbol{Ax}+\boldsymbol{Ix}_{\text{s}}=\boldsymbol{b}\\ \boldsymbol{x},\boldsymbol{x}_{\text{s}}\geqslant\boldsymbol{0}\end{cases}\tag{2.10}$$

$$\text{s.t.}\begin{cases}\boldsymbol{Ax}\geqslant\boldsymbol{b}\\ \boldsymbol{x}\geqslant\boldsymbol{0}\end{cases}\Rightarrow\text{s.t.}\begin{cases}\boldsymbol{Ax}-\boldsymbol{Ix}_{\text{s}}=\boldsymbol{b}\\ \boldsymbol{x},\boldsymbol{x}_{\text{s}}\geqslant\boldsymbol{0}\end{cases}\tag{2.11}$$

式中，松弛变量或者剩余变量在目标函数中的系数为 0。

例 2.2.2　将如下非标准线性规划转化为等价的标准形式：

$$\max z = x_1 - 3x_2 + 7x_3$$

$$\text{s.t.}\begin{cases}x_1 - 2x_2 + 3x_3 \leqslant 7\\ 2x_1 - x_2 + x_3 \geqslant 4\\ -5x_1 + x_2 + 4x_3 = 6\\ x_1, x_2 \geqslant 0, x_3 \in \mathbf{R}\end{cases}$$

解析　根据前面介绍的方法，具体步骤如下：

将目标函数转化为求极小型，得到

$$\min z = - x_1 + 3x_2 - 7x_3$$

对第 1 个约束添加松弛变量 $x_4 \geqslant 0$，得

$$x_1 - 2x_2 + 3x_3 + x_4 = 7$$

对第 2 个约束减去剩余变量 $x_5 \geqslant 0$，得

$$2x_1 - x_2 + x_3 - x_5 = 4$$

对于自由变量 x_3，令

$$x_3 = x'_3 - x''_3,\ x'_3 \geqslant 0, x''_3 \geqslant 0$$

那么，原线性规划转化为如下标准形式：

$$\min z = - x_1 + 3x_2 - 7x'_3 + 7x''_3$$

$$\text{s.t.}\begin{cases}x_1 - 2x_2 + 3x'_3 - 3x''_3 + x_4 = 7\\ 2x_1 - x_2 + x'_3 - x''_3 - x_5 = 4\\ -5x_1 + x_2 + 4x'_3 - 4x''_3 = 6\\ x_1, x_2, x'_3, x''_3, x_4, x_5 \geqslant 0\end{cases}$$

2.3　基本概念

2.3.1　可行解

【定义 2.3.1】 满足全体约束的解（资源/等式约束和非负约束）称为可行解，记为 $\boldsymbol{x}$；最优解是可行解中最优的，记为 $\boldsymbol{x}^*$；对于任何可行解 $\boldsymbol{x}$，有

$$\boldsymbol{cx}^* \leqslant \boldsymbol{cx}\tag{2.12}$$

直观上，可行解是可行域中的点，是一个可行的解决方案；最优解是可行域的角点，是所有可行解中的一个最优解决方案。

2.3.2 基矩阵、基向量、基变量

【定义 2.3.2】 设 $\boldsymbol{A}$ 是 $m \times n$ 阶约束系数矩阵（$m \leqslant n$），秩为 m：

$$\boldsymbol{A} = [\boldsymbol{P}_1, \boldsymbol{P}_2, \cdots, \boldsymbol{P}_n]$$

其中第 j 列 $\boldsymbol{P}_j = [a_{1j}, a_{2j}, \cdots, a_{mj}]^{\mathrm{T}}$，那么 $\boldsymbol{A}$ 中 m 阶可逆子阵 $\boldsymbol{B} = [\boldsymbol{P}_{j1}, \boldsymbol{P}_{j2}, \cdots, \boldsymbol{P}_{jm}]$ 为线性规划的一个基矩阵，简称“基”；其余部分（互补）称为非基矩阵，记为 $\boldsymbol{N}$，即 $\boldsymbol{A} = [\boldsymbol{B} \quad \boldsymbol{N}]$。

【定义 2.3.3】 基矩阵 $\boldsymbol{B}$ 的列称为基向量；相应地，非基矩阵中的列称为非基向量。

【定义 2.3.4】 与基向量 $\boldsymbol{P}_j$ 对应的决策变量为 x_j，称为基变量，记所有基变量组成的向量为基向量 $\boldsymbol{x}_{\boldsymbol{B}}$；相应地，与非基向量对应的变量称为非基变量，记所有非基变量组成的向量为非基向量 $\boldsymbol{x}_{\boldsymbol{N}}$。

例 2.3.1 请列出下列线性规划约束的基矩阵和相应的基向量、基变量：

$$\begin{cases} x_1 + 2x_2 + x_3 = 1 \\ 2x_1 - x_2 + x_4 = 3 \\ x_1, x_2, x_3, x_4 \geqslant 0 \end{cases}$$

解析 本例中，$\boldsymbol{A} = \begin{bmatrix} 1 & 2 & 1 & 0 \\ 2 & -1 & 0 & 1 \end{bmatrix}$，$\boldsymbol{A}$ 的 2 阶可逆子阵（基矩阵）有：

(1) $\boldsymbol{B}_1 = \begin{bmatrix} 1 & 0 \\ 0 & 1 \end{bmatrix}$，相应的基向量为 $\boldsymbol{P}_3$ 和 $\boldsymbol{P}_4$，基变量为 x_3 和 x_4，$\boldsymbol{x}_{\boldsymbol{B}} = [x_3, x_4]^{\mathrm{T}}$；

(2) $\boldsymbol{B}_2 = \begin{bmatrix} 1 & 2 \\ 2 & -1 \end{bmatrix}$，相应的基向量为 $\boldsymbol{P}_1$ 和 $\boldsymbol{P}_2$，基变量为 x_1 和 x_2，$\boldsymbol{x}_{\boldsymbol{B}} = [x_1, x_2]^{\mathrm{T}}$；

……

根据排列组合可知，$m \times n$ 阶矩阵 $\boldsymbol{A}$ 中最多有 $\mathrm{C}_n^m = \dfrac{n!}{m!(n-m)!}$ 个基矩阵。

2.3.3 基本解与基本可行解

当系数矩阵 $\boldsymbol{A}$ 中的基矩阵 $\boldsymbol{B}$ 取定后，不妨假设 $\boldsymbol{B}$ 表示其中的前 m 列，则可记 $\boldsymbol{A} = [\boldsymbol{B} \quad \boldsymbol{N}]$，相应地 $\boldsymbol{x} = [\boldsymbol{x}_{\boldsymbol{B}}; \boldsymbol{x}_{\boldsymbol{N}}]$，那么约束 $\boldsymbol{A}\boldsymbol{x} = \boldsymbol{b}$ 可表示为

$$[\boldsymbol{B} \quad \boldsymbol{N}] \begin{bmatrix} \boldsymbol{x}_{\boldsymbol{B}} \\ \boldsymbol{x}_{\boldsymbol{N}} \end{bmatrix} = \boldsymbol{b} \tag{2.13}$$

即

$$\boldsymbol{B}\boldsymbol{x}_B + \boldsymbol{N}\boldsymbol{x}_N = \boldsymbol{b} \tag{2.14}$$

据此可解出 $\boldsymbol{x}_B$ 的表达式：

$$\boldsymbol{x}_B = \boldsymbol{B}^{-1}(\boldsymbol{b} - \boldsymbol{N}\boldsymbol{x}_N) \tag{2.15}$$

特殊情况下，当 $\boldsymbol{x}_N = \boldsymbol{0}$ 时，$\boldsymbol{x}_B = \boldsymbol{B}^{-1}\boldsymbol{b}$，$\boldsymbol{x} = [\boldsymbol{B}^{-1}\boldsymbol{b};\boldsymbol{0}]$。

【定义 2.3.5】 $\boldsymbol{A}\boldsymbol{x} = \boldsymbol{b}$ 的解 $\boldsymbol{x} = [\boldsymbol{B}^{-1}\boldsymbol{b};\boldsymbol{0}]$ 为线性规划的一个基本解。

可见，一个基本解是由一个基决定的，仅是满足资源约束的解，并未要求非负，也就是其未必可行，因而还需要引入基本可行解的概念。

【定义 2.3.6】 非负的基本解称为基本可行解，对应的基称为可行基。

例 2.3.2　分析前述算例中对应于基矩阵 $\boldsymbol{B}_1$ 和 $\boldsymbol{B}_2$ 的基本解是不是基本可行解，其中线性规划的约束如下：

$$\begin{cases} x_1 + 2x_2 + x_3 = 1 \\ 2x_1 - x_2 + x_4 = 3 \\ x_1, x_2, x_3, x_4 \geqslant 0 \end{cases}$$

解析　对于前述选取的第 1 个基矩阵，

$$\boldsymbol{B}_1 = \begin{bmatrix} 1 & 0 \\ 0 & 1 \end{bmatrix},\quad \boldsymbol{B}_1^{-1} = \begin{bmatrix} 1 & 0 \\ 0 & 1 \end{bmatrix},\quad \boldsymbol{B}_1^{-1}\boldsymbol{b} = \begin{bmatrix} 1 & 0 \\ 0 & 1 \end{bmatrix}\begin{bmatrix} 1 \\ 3 \end{bmatrix} = \begin{bmatrix} 1 \\ 3 \end{bmatrix}$$

因此，对应于 $\boldsymbol{B}_1$ 的基本解为 $\boldsymbol{x} = [0,0,1,3]^{\mathrm{T}}$，是基本可行解。

对于前述选取的第 2 个基矩阵，

$$\boldsymbol{B}_2 = \begin{bmatrix} 1 & 2 \\ 2 & -1 \end{bmatrix},\quad \boldsymbol{B}_2^{-1} = \begin{bmatrix} \frac{1}{5} & \frac{2}{5} \\ \frac{2}{5} & -\frac{1}{5} \end{bmatrix},\quad \boldsymbol{B}_2^{-1}\boldsymbol{b} = \begin{bmatrix} \frac{1}{5} & \frac{2}{5} \\ \frac{2}{5} & -\frac{1}{5} \end{bmatrix}\begin{bmatrix} 1 \\ 3 \end{bmatrix} = \begin{bmatrix} \frac{7}{5} \\ -\frac{1}{5} \end{bmatrix}$$

因此，对应于 $\boldsymbol{B}_2$ 的基本解为 $\boldsymbol{x} = \left[\frac{7}{5}, -\frac{1}{5}, 0, 0\right]^{\mathrm{T}}$，不是基本可行解。

基本解与基本可行解之间的关系为：系数矩阵 $\boldsymbol{A}$ 中可找出若干个基矩阵 $\boldsymbol{B}$，每个基矩阵 $\boldsymbol{B}$ 都对应于一个基本解，其中非负的基本解就是基本可行解。

基本可行解与基本解、可行解、非可行解之间的关系如图 2.2 所示。

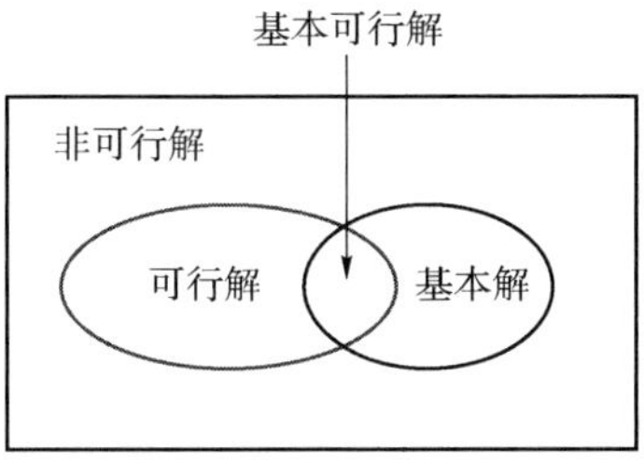

图 2.2　基本可行解与基本解、可行解、非可行解之间的关系

2.4 单纯形法

2.4.1 单纯形法的原理

【**定理 2.4.1**】线性规划最优解定理：

(1) 线性规划的可行域是一个凸多面体；

(2) 线性规划的最优解（若存在）必能在可行域的角点获得；

(3) 线性规划可行域的角点与基本可行解一一对应。

根据该定理，在角点中寻找最优解即可转化为在所有基本可行解中寻找最优解。因此，只需考虑所有的基本可行解就可以了。

2.4.2 单纯形法的流程

单纯形法是一种迭代算法，其思想是在可行域的角点——基本可行解中寻优。由于角点的个数是有限的（基矩阵的个数有限），因而算法经过有限步即可终止。对于标准形式的线性规划，单纯形法的逻辑流程如图 2.3 所示。

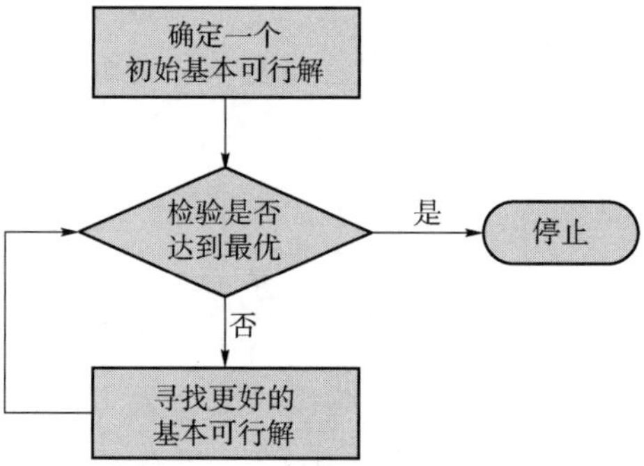

图 2.3 单纯形法的逻辑流程

单纯形法的流程如下：

第 1 步，确定初始基本可行解。

由于基本可行解由一个可行基决定，因而确定初始基本可行解 $\boldsymbol{x}_0$，相当于确定一个初始可行基 $\boldsymbol{B}_0$。

若 $\boldsymbol{A}$ 中含单位矩阵 $\boldsymbol{I}$，则 $\boldsymbol{B}_0=\boldsymbol{I}$，由此可得初始基本可行解为

$$\boldsymbol{x}_0=\begin{bmatrix}\boldsymbol{x}_B\\ \boldsymbol{x}_N\end{bmatrix}=\begin{bmatrix}\boldsymbol{B}_0^{-1}\boldsymbol{b}\\ \boldsymbol{0}\end{bmatrix}=\begin{bmatrix}\boldsymbol{b}\\ \boldsymbol{0}\end{bmatrix}\geqslant\boldsymbol{0} \tag{2.16}$$

若 $\boldsymbol{A}$ 中不含单位矩阵 $\boldsymbol{I}$，则可用人工变量法构造一个 $\boldsymbol{I}$。

第2步，最优性检验。

首先，把目标函数用非基变量表示。由式（2.15）可知，$\boldsymbol{x}_B=\boldsymbol{B}^{-1}(\boldsymbol{b}-\boldsymbol{N}\boldsymbol{x}_N)$，将其代入目标函数，可得

$$
\begin{aligned}
z=\boldsymbol{c}^{\mathrm{T}}\boldsymbol{x}&=[\boldsymbol{c}_B^{\mathrm{T}}\quad \boldsymbol{c}_N^{\mathrm{T}}]\cdot\begin{bmatrix}\boldsymbol{x}_B\\ \boldsymbol{x}_N\end{bmatrix}\\
&=\boldsymbol{c}_B^{\mathrm{T}}\boldsymbol{x}_B+\boldsymbol{c}_N^{\mathrm{T}}\boldsymbol{x}_N\\
&=\boldsymbol{c}_B^{\mathrm{T}}\boldsymbol{B}^{-1}(\boldsymbol{b}-\boldsymbol{N}\boldsymbol{x}_N)+\boldsymbol{c}_N^{\mathrm{T}}\boldsymbol{x}_N
\end{aligned}
\tag{2.17}
$$

整理得到

$$
z=\boldsymbol{c}_B^{\mathrm{T}}\boldsymbol{B}^{-1}\boldsymbol{b}+(\boldsymbol{c}_N^{\mathrm{T}}-\boldsymbol{c}_B^{\mathrm{T}}\boldsymbol{B}^{-1}\boldsymbol{N})\boldsymbol{x}_N \tag{2.18}
$$

记

$$
\boldsymbol{\sigma}_N^{\mathrm{T}}=\boldsymbol{c}_N^{\mathrm{T}}-\boldsymbol{c}_B^{\mathrm{T}}\boldsymbol{B}^{-1}\boldsymbol{N} \tag{2.19}
$$

向量$\boldsymbol{\sigma}_N$称为检验数。若检验数$\boldsymbol{\sigma}_N\geqslant\boldsymbol{0}$，显然$\boldsymbol{x}_N=\boldsymbol{0}$时目标函数最小，即当前基本可行解为最优解，并且如果其中存在任意一个检验数分量$\sigma_j=0$，则线性规划问题有无穷多最优解（与$\sigma_j=0$对应的非基变量可以取任意值）。

下面给出一个最优性检验示例。

例 2.4.1　对于如下线性规划：

$$
\min z=-7x_1-12x_2 \tag{2.20}
$$

$$
\text{s. t.}\begin{cases}9x_1+4x_2+x_3=360\\4x_1+5x_2+x_4=200\\3x_1+10x_2+x_5=300\\x_1,x_2,x_3,x_4,x_5\geqslant 0\end{cases} \tag{2.21}
$$

解析　选取x_4、x_5为独立变量（非基变量），把非独立变量（基变量）用独立变量（非基变量）表示，即将其写成独立变量的函数。

为此，将约束方程写成如下形式：

$$
\begin{cases}9x_1+4x_2+x_3=360\\4x_1+5x_2=200-x_4\\3x_1+10x_2=300-x_5\end{cases}
$$

根据该方程可以解出x_1、x_2和x_3，通用形式如下：

$$
\begin{cases}x_1=f(x_4,x_5)\\x_2=g(x_4,x_5)\\x_3=h(x_4,x_5)\end{cases}
$$

对于该问题，具体形式为

$$\begin{cases}x_1 = 20 - 0.4x_4 + 0.2x_5 \\ x_2 = 24 + 0.12x_4 - 0.16x_5 \\ x_3 = 84 + 3.12x_4 - 1.16x_5\end{cases}$$

将其代入目标函数，即可把目标函数用独立变量（非基变量）表示，即

$$z = -7x_1 - 12x_2 = -428 + 1.36x_4 + 0.52x_5$$

显然，$x_4 = x_5 = 0$ 时，目标函数达到最小值，最小值为 $z = -428$。

因此，对给定的一个可行基 $\boldsymbol{B}$(即给定一个基本可行解 $\boldsymbol{x_B} = \boldsymbol{B}^{-1}\boldsymbol{b}$，$\boldsymbol{x_N} = \boldsymbol{0}$)，为了判别它是否为最优解，可采用如下步骤：

第 1 步，计算每个非基变量 x_j 的检验数

$$\sigma_j = c_j - \boldsymbol{c}_B^{\mathrm{T}} \boldsymbol{B}^{-1} \boldsymbol{P}_j \tag{2.22}$$

第 2 步，若所有 $\sigma_j \geqslant 0$，这个基本可行解为最优解；反之，若有某一个检验数 $\sigma_j < 0$，则此解一定不是最优解，就需要寻找更好的基本可行解。

第 3 步，寻找更好的基本可行解(基变换)。

由于基本可行解与可行基对应，即寻找一个新的基本可行解，相当于从上一个基 $\boldsymbol{B}_0$ 变换为下一个新的基 $\boldsymbol{B}_1$。因此，本步骤也称为基变换。

基变换的原则：① 目标函数得到改善，即 $z_1 < z_0$；② 新解可行，即 $\boldsymbol{B}_1^{-1}\boldsymbol{b} \geqslant \boldsymbol{0}$。具体而言，进基保证改善，令 $\sigma_k < 0$ 对应的基进基；出基保证可行，由 $\boldsymbol{x}_B \geqslant \boldsymbol{0}$ 可决定出基。

由于 $z = \boldsymbol{c}^{\mathrm{T}}\boldsymbol{x} = \boldsymbol{c}_B^{\mathrm{T}}\boldsymbol{B}^{-1}\boldsymbol{b} + \boldsymbol{\sigma}_N^{\mathrm{T}}\boldsymbol{x}_N = \boldsymbol{c}_B^{\mathrm{T}}\boldsymbol{B}^{-1}\boldsymbol{b} + \sigma_{j_1'}x_{j_1'} + \sigma_{j_2'}x_{j_2'} + \cdots + \sigma_{j_{n-m}'}x_{j_{n-m}'}$，为了使目标函数尽可能小，令 $\sigma_k = \min\limits_i\{\sigma_{j_i'} < 0\}$ 对应的基向量 $\boldsymbol{P}_k$ 进基。例如：

$$\begin{aligned} z &= \boldsymbol{c}^{\mathrm{T}}\boldsymbol{x} = \boldsymbol{c}_B^{\mathrm{T}}\boldsymbol{B}^{-1}\boldsymbol{b} + \boldsymbol{\sigma}_N^{\mathrm{T}}\boldsymbol{x}_N \\ &= \boldsymbol{c}_B^{\mathrm{T}}\boldsymbol{B}^{-1}\boldsymbol{b} - 3x_2 + 6x_4 - 8x_5 - 5x_8 \end{aligned}$$

显然，$\sigma_k = -8$ 对应的 $\boldsymbol{P}_5$ 进基。

进基之后，原始的非基变量变为 $\boldsymbol{x}_N = [0,\cdots,x_k,\cdots,0]^{\mathrm{T}}$，原始的基变量 $\boldsymbol{x}_B$ 可表示为

$$\begin{aligned} \boldsymbol{x}_B &= \boldsymbol{B}^{-1}(\boldsymbol{b} - \boldsymbol{N}\boldsymbol{x}_N) = \boldsymbol{B}^{-1}\boldsymbol{b} - \boldsymbol{B}^{-1}\boldsymbol{N}\boldsymbol{x}_N \\ &= \boldsymbol{B}^{-1}\boldsymbol{b} - \boldsymbol{B}^{-1}[\boldsymbol{P}_{j_1'},\cdots,\boldsymbol{P}_{j_k'},\cdots,\boldsymbol{P}_{j_{n-m}'}]\cdot[0,\cdots,x_k,\cdots,0]^{\mathrm{T}} \\ &= \boldsymbol{B}^{-1}\boldsymbol{b} - \boldsymbol{B}^{-1}\boldsymbol{P}_{j_k'}x_k \geqslant \boldsymbol{0} \end{aligned} \tag{2.23}$$

将其写成分量形式得到

$$\boldsymbol{x}_B = \begin{bmatrix} (\boldsymbol{B}^{-1}\boldsymbol{b})_1 \\ (\boldsymbol{B}^{-1}\boldsymbol{b})_2 \\ \vdots \\ (\boldsymbol{B}^{-1}\boldsymbol{b})_m \end{bmatrix} - \begin{bmatrix} (\boldsymbol{B}^{-1}\boldsymbol{P}_{j_1'})_1 \\ (\boldsymbol{B}^{-1}\boldsymbol{P}_{j_k'})_2 \\ \vdots \\ (\boldsymbol{B}^{-1}\boldsymbol{P}_{j_{n-m}'})_m \end{bmatrix} x_k \geqslant \boldsymbol{0} \tag{2.24}$$

当 $(\boldsymbol{B}^{-1}\boldsymbol{P}_{j_k'})_i > 0$ 时，

$$x_k \leqslant \frac{(\boldsymbol{B}^{-1}\boldsymbol{b})_i}{(\boldsymbol{B}^{-1}\boldsymbol{P}_{j'_k})_i},\ i = 1,2,\cdots,m$$

当 $(\boldsymbol{B}^{-1}\boldsymbol{P}_{j'_k})_i \leqslant 0$ 时,

$$(\boldsymbol{B}^{-1}\boldsymbol{b})_i - (\boldsymbol{B}^{-1}\boldsymbol{P}_{j'_k})_i x_k \geqslant 0$$

恒成立。

为了满足 $\boldsymbol{x_B} \geqslant \boldsymbol{0}$（对于每一个元素都成立），$x_k$ 需要满足下式：

$$x_k \leqslant \theta_l,\ \theta_l = \min_i \left\{ \theta_i = \frac{(\boldsymbol{B}^{-1}\boldsymbol{b})_i}{(\boldsymbol{B}^{-1}\boldsymbol{P}_{j'_k})_i} \middle| (\boldsymbol{B}^{-1}\boldsymbol{P}_{j'_k})_i > 0 \right\} \tag{2.25}$$

由于 $z = \boldsymbol{c}^{\mathrm{T}}\boldsymbol{x} = \boldsymbol{c}_{\boldsymbol{B}}^{\mathrm{T}}\boldsymbol{B}^{-1}\boldsymbol{b} + \boldsymbol{\sigma}_{\boldsymbol{N}}^{\mathrm{T}}\boldsymbol{x}_{\boldsymbol{N}} = \boldsymbol{c}_{\boldsymbol{B}}^{\mathrm{T}}\boldsymbol{B}^{-1}\boldsymbol{b} + \boldsymbol{\sigma}_{\boldsymbol{N}}^{\mathrm{T}}[0,\cdots,x_k,\cdots,0]^{\mathrm{T}} = \boldsymbol{c}_{\boldsymbol{B}}^{\mathrm{T}}\boldsymbol{B}^{-1}\boldsymbol{b} + \sigma_k x_k$ 并且 $\sigma_k < 0$，显然当 $x_k = \theta_l = \dfrac{(\boldsymbol{B}^{-1}\boldsymbol{b})_l}{(\boldsymbol{B}^{-1}\boldsymbol{P}_{j'_k})_l}$ 时，目标函数的值最小，而此时

$$(\boldsymbol{x_B})_l = (\boldsymbol{B}^{-1}\boldsymbol{b})_l - (\boldsymbol{B}^{-1}\boldsymbol{P}_{j'_k})_l x_k = 0$$

即原始基变量 $\boldsymbol{x_B}$ 的第 l 个元素出基。其中，θ_i 称作检验比分量。

例 2.4.2 以例 2.4.1 为例，采用上述单纯形法求出其最优解。

解析 求解过程如下：

（1）将线性规划问题转化为标准形式（该问题已经是标准形式）。

（2）确定初始基本可行解，检验最优性。

$$\boldsymbol{B} = \begin{bmatrix} 1 & & \\ & 1 & \\ & & 1 \end{bmatrix},\ \boldsymbol{N} = \begin{bmatrix} 9 & 4 \\ 4 & 5 \\ 3 & 10 \end{bmatrix},\ \boldsymbol{b} = \begin{bmatrix} 360 \\ 200 \\ 300 \end{bmatrix}$$

$$\boldsymbol{x_B} = [x_3, x_4, x_5]^{\mathrm{T}},\ \boldsymbol{x_N} = [x_1, x_2]^{\mathrm{T}}$$

$$\boldsymbol{x} = [x_3, x_4, x_5, x_1, x_2]^{\mathrm{T}} = [\boldsymbol{B}^{-1}\boldsymbol{b};\boldsymbol{0}] = [84,20,24,0,0]^{\mathrm{T}}$$

$$\boldsymbol{c}_{\boldsymbol{B}}^{\mathrm{T}} = [0,0,0],\ \boldsymbol{c}_{\boldsymbol{N}}^{\mathrm{T}} = [-7,-12]$$

计算检验数 $\boldsymbol{\sigma}_{\boldsymbol{N}}^{\mathrm{T}} = \boldsymbol{c}_{\boldsymbol{N}}^{\mathrm{T}} - \boldsymbol{c}_{\boldsymbol{B}}^{\mathrm{T}}\boldsymbol{B}^{-1}\boldsymbol{N} = [-7,-12]$，因此 $\boldsymbol{P}_2$ 进基。

计算检验比 $\boldsymbol{\theta_B} = \boldsymbol{B}^{-1}\boldsymbol{b}./(\boldsymbol{B}^{-1}\boldsymbol{P}_2) = [90,40,30]^{\mathrm{T}}$，因此 $\boldsymbol{P}_5$ 出基。注意，这里的“./”表示按分量进行运算。

（3）基变换，计算下一个基本可行解，再检验最优性。

$$\boldsymbol{B} = \begin{bmatrix} 1 & & 4 \\ & 1 & 5 \\ & & 10 \end{bmatrix},\ \boldsymbol{N} = \begin{bmatrix} 9 & 0 \\ 4 & 0 \\ 3 & 1 \end{bmatrix},\ \boldsymbol{b} = \begin{bmatrix} 360 \\ 200 \\ 300 \end{bmatrix}$$

$$\boldsymbol{x_B} = [x_3, x_4, x_2]^{\mathrm{T}}, \boldsymbol{x_N} = [x_1, x_5]^{\mathrm{T}}$$

$$\boldsymbol{x} = [x_3, x_4, x_2, x_1, x_5]^{\mathrm{T}} = [\boldsymbol{B}^{-1}\boldsymbol{b};\boldsymbol{0}] = [240,50,30,0,0]^{\mathrm{T}}$$

$$\boldsymbol{c}_{\boldsymbol{B}}^{\mathrm{T}} = [0,0,-12],\ \boldsymbol{c}_{\boldsymbol{N}}^{\mathrm{T}} = [-7,0]$$

计算检验数 $\boldsymbol{\sigma}_N^{\mathrm{T}}=\boldsymbol{c}_N^{\mathrm{T}}-\boldsymbol{c}_B^{\mathrm{T}}\boldsymbol{B}^{-1}\boldsymbol{N}=[-3.4,1.2]$，因此 $\boldsymbol{P}_1$ 进基。

计算检验比 $\boldsymbol{\theta}_B=\boldsymbol{B}^{-1}\boldsymbol{b}./(\boldsymbol{B}^{-1}\boldsymbol{P}_1)=[30.7692,20,100]^{\mathrm{T}}$，因此 $\boldsymbol{P}_4$ 出基。

（4）基变换，计算下一个基本可行解，再检验最优性。

$$\boldsymbol{B}=\begin{bmatrix}1 & 9 & 4\\ & 4 & 5\\ & 3 & 10\end{bmatrix},\ \boldsymbol{N}=\begin{bmatrix}0 & 0\\1 & 0\\0 & 1\end{bmatrix},\ \boldsymbol{b}=\begin{bmatrix}360\\200\\300\end{bmatrix}$$

$$\boldsymbol{x}_B=[x_3,x_1,x_2]^{\mathrm{T}},\quad \boldsymbol{x}_N=[x_4,x_5]^{\mathrm{T}}$$

$$\boldsymbol{x}=[x_3,x_1,x_2,x_4,x_5]^{\mathrm{T}}=[\boldsymbol{B}^{-1}\boldsymbol{b};\boldsymbol{0}]=[84,20,24,0,0]^{\mathrm{T}}$$

$$\boldsymbol{c}_B^{\mathrm{T}}=[0,-7,-12],\ \boldsymbol{c}_N^{\mathrm{T}}=[0,0]$$

计算检验数 $\boldsymbol{\sigma}_N^{\mathrm{T}}=\boldsymbol{c}_N^{\mathrm{T}}-\boldsymbol{c}_B^{\mathrm{T}}\boldsymbol{B}^{-1}\boldsymbol{N}=[1.36,0.52]\geqslant\boldsymbol{0}$，当前基本可行解为最优解。

当模型规模较大时，上述方法的计算量将很大。

2.4.3 单纯形表

实际上，单纯形法是在单纯形表上实现的。单纯形表是基于单纯形法的步骤设计的计算格式，是单纯形法的具体实现。

回顾单纯形法的步骤：

$$\boldsymbol{B}_0\to\boldsymbol{x}_0=\begin{bmatrix}\boldsymbol{B}_0^{-1}\boldsymbol{b}\\ \boldsymbol{0}\end{bmatrix}\to\sigma_j=c_j-\boldsymbol{c}_{\boldsymbol{B}_0}^{\mathrm{T}}\boldsymbol{B}_0^{-1}\boldsymbol{P}_j\to\theta_l=\min_i\frac{(\boldsymbol{B}_0^{-1}\boldsymbol{b})_i}{(\boldsymbol{B}_0^{-1}\boldsymbol{P}_{j'_k})_i}\to\boldsymbol{B}_1$$

因此，单纯形表的主体内容是 $\boldsymbol{B}^{-1}[\boldsymbol{b}\quad\boldsymbol{A}]$，用 $\boldsymbol{B}^{-1}$ 左乘约束方程组的两端等价于对方程组实施一系列初等行变换：

$$\boldsymbol{B}_0^{-1}[\boldsymbol{b}\quad\boldsymbol{A}]\to\boldsymbol{B}_1^{-1}[\boldsymbol{b}\quad\boldsymbol{A}]\to\boldsymbol{B}_2^{-1}[\boldsymbol{b}\quad\boldsymbol{A}]\to\cdots$$

式中，$\boldsymbol{B}^{-1}$ 可通过初等行变换求得（并且相邻两个 $\boldsymbol{B}$ 只有一列不同，例 2.4.3 将给出具体实例），即 $\boldsymbol{B}^{-1}[\boldsymbol{b}\quad\boldsymbol{A}]$ 的计算方法如下：

$$[\boldsymbol{b}\quad\boldsymbol{A}\mid\boldsymbol{B}\quad\boldsymbol{I}]\to[\boldsymbol{B}^{-1}\boldsymbol{b}\quad\boldsymbol{B}^{-1}\boldsymbol{A}\mid\boldsymbol{I}\quad\boldsymbol{B}^{-1}]$$

单纯形表的主要结构形式如表 2.1 所示。

表 2.1　单纯形表的主要结构形式

<table>
<tr><td colspan="3" rowspan="2"></td><td>$\boldsymbol{c}^{\mathrm{T}}$</td><td rowspan="2"></td></tr>
<tr><td>$\boldsymbol{x}^{\mathrm{T}}$</td></tr>
<tr><td>$\boldsymbol{c}_B$</td><td>$\boldsymbol{x}_B$</td><td>$\boldsymbol{B}^{-1}\boldsymbol{b}$</td><td>$\boldsymbol{B}^{-1}\boldsymbol{A}$</td><td>$\boldsymbol{\theta}$</td></tr>
<tr><td colspan="3"></td><td>$\boldsymbol{\sigma}^{\mathrm{T}}$</td><td></td></tr>
</table>

表 2.1 中的 $\boldsymbol{B}$ 是单位矩阵 $\boldsymbol{I}$，因此有：

$$\boldsymbol{B}^{-1}\boldsymbol{b}=\boldsymbol{I}\boldsymbol{b}=\boldsymbol{b},\ \boldsymbol{B}^{-1}\boldsymbol{A}=\boldsymbol{I}\boldsymbol{A}=\boldsymbol{A}$$

检验数的公式（针对非基变量 $\boldsymbol{x}_N$）为

$$\sigma_j = c_j - \boldsymbol{c}_B^{\mathrm{T}}\boldsymbol{B}^{-1}\boldsymbol{P}_j \tag{2.26}$$

式中，$\boldsymbol{B}^{-1}\boldsymbol{P}_j$ 是 $\boldsymbol{B}^{-1}\boldsymbol{A}$ 的第 j 列。

基变量的检验数 $\boldsymbol{\sigma}_B^{\mathrm{T}} = \boldsymbol{c}_B^{\mathrm{T}} - \boldsymbol{c}_B^{\mathrm{T}}\boldsymbol{B}^{-1}\boldsymbol{B} = \boldsymbol{0}$（在实际应用中不需要计算这一项）。

例 2.4.3　用单纯形表的方法求解如下线性规划（例 2.4.1）：

$$\min z = -7x_1 - 12x_2$$

$$\text{s.t.}\begin{cases}9x_1 + 4x_2 + x_3 = 360\\4x_1 + 5x_2 + x_4 = 200\\3x_1 + 10x_2 + x_5 = 300\\x_1, x_2, x_3, x_4, x_5 \geqslant 0\end{cases}$$

解析　在标准形式的 $\boldsymbol{A}$ 矩阵中，松弛系数含有单位矩阵 $\boldsymbol{I}$。因此，取 $\boldsymbol{B}=\boldsymbol{I}$，计算单纯形表相关参数：

$$\sigma_1 = c_1 - \boldsymbol{c}_B^{\mathrm{T}}(\boldsymbol{B}^{-1}\boldsymbol{P}_1) = -7$$

$$\sigma_2 = c_2 - \boldsymbol{c}_B^{\mathrm{T}}(\boldsymbol{B}^{-1}\boldsymbol{P}_2) = -12$$

$$\boldsymbol{\theta}_B = \boldsymbol{B}^{-1}\boldsymbol{b}./(\boldsymbol{B}^{-1}\boldsymbol{P}_2) = [90, 40, 30]^{\mathrm{T}}$$

由此得到第 1 张单纯形表如下(其中，检验数所在行的加粗元素对应进基变量，检验比所在列的加粗元素对应出基变量，阴影部分为二者交叉位置，即选出的主元位置)：

$\boldsymbol{c}_B$	$\boldsymbol{x}_B$	$\boldsymbol{B}^{-1}\boldsymbol{b}$	−7 x_1	−12 x_2	0 x_3	0 x_4	0 x_5	$\boldsymbol{\theta}$
0	x_3	360	9	4	1	0	0	90
0	x_4	200	4	5	0	1	0	40
0	x_5	300	3	10	0	0	1	**30**
	$\boldsymbol{\sigma}^{\mathrm{T}}$		−7	**−12**	0	0	0	

下一张单纯形表通过初等行变换(称高斯消去法)得到，即通过初等行变换将主元消成 1，再用此 1 将其所在列的其余元全部消成 0。由此得到：

$\boldsymbol{c}_B$	$\boldsymbol{x}_B$	$\boldsymbol{B}^{-1}\boldsymbol{b}$	−7 x_1	−12 x_2	0 x_3	0 x_4	0 x_5	$\boldsymbol{\theta}$
0	x_3	240	7.8	0	1	0	−0.4	30.7692
0	x_4	50	2.5	0	0	1	−0.5	**20**
−12	x_2	30	0.3	1	0	0	0.1	100
	$\boldsymbol{\sigma}^{\mathrm{T}}$		**−3.4**				1.2	

继续初等行变换，得到：

c_B	x_B	$B^{-1}b$	-7	-12	0	0	0	θ
			x_1	x_2	x_3	x_4	x_5	
0	x_3	84	0	0	1	-0.32	1.16	
-7	x_1	20	1	0	0	0.4	-0.2	
-12	x_2	24	0	1	0	-0.12	0.16	
	$\boldsymbol{\sigma}^{\mathrm{T}}$					1.36	0.52	

由于 $\boldsymbol{\sigma}_N \geqslant \mathbf{0}$，已经达到最优，因此当前基本可行解为最优解。最优解为

$$x^* = [x_B; x_N] = [x_3, x_1, x_2, x_4, x_5]^{\mathrm{T}} = [84, 20, 24, 0, 0]^{\mathrm{T}}$$

$$z^* = c^{\mathrm{T}} x^* = c_B^{\mathrm{T}} x_B^* = -428$$

为了便于分析单纯形表中的信息，将单纯形表写成如下整体形式：

c_B	x_B	$B^{-1}b$	-7	-12	0	0	0	θ
			x_1	x_2	x_3	x_4	x_5	
0	x_3	360	9	4	1	0	0	90
0	x_4	200	4	5	0	1	0	40
0	x_5	300	3	10	0	0	1	**30**
	$\boldsymbol{\sigma}^{\mathrm{T}}$		-7	**-12**	0	0	0	
0	x_3	240	7.8	0	1	0	-0.4	30.7692
0	x_4	50	2.5	0	0	1	-0.5	**20**
-12	x_2	30	0.3	1	0	0	0.1	100
	$\boldsymbol{\sigma}^{\mathrm{T}}$		**-3.4**				1.2	
0	x_3	84	0	0	1	-0.32	1.16	
0	x_1	20	1	0	0	0.4	-0.2	
-12	x_2	24	0	1	0	-0.12	0.16	
	$\boldsymbol{\sigma}^{\mathrm{T}}$					1.36	0.52	

单纯形表中的信息如下：

(1) 每一列的含义：每一列分别对应 $B^{-1}[b \quad A]$ 的每一列，即

$$B^{-1}[b \quad A] = [B^{-1}b, B^{-1}P_1, \cdots, B^{-1}P_n]$$

(2) 每个表中 B 和 B^{-1} 的查找：B 从初始表中查找，对应于当前单纯形表中单位矩阵 I 的位置；B^{-1} 从当前表中查找，对应于初始表中单位 I 的位置。

这是因为单纯形表本质上是完成如下初等变换：

$$B \mid I \rightarrow I \mid B^{-1}$$

以第2张单纯形表为例：

$$\boldsymbol{B}=[\boldsymbol{P}_3,\boldsymbol{P}_4,\boldsymbol{P}_2]=\begin{bmatrix}1&0&4\\0&1&5\\0&0&10\end{bmatrix}$$

$$\boldsymbol{B}^{-1}=[\boldsymbol{P}_3,\boldsymbol{P}_4,\boldsymbol{P}_5]=\begin{bmatrix}1&0&-0.4\\0&1&-0.5\\0&0&0.1\end{bmatrix}$$

用单纯形法求解线性规划（min 型），其结果必为下列情形之一：

（1）非基变量的判别数 $\boldsymbol{\sigma}_N>\mathbf{0}$。此时，$\boldsymbol{x}=[\boldsymbol{x}_B;\boldsymbol{x}_N]=[\boldsymbol{x}_B;\mathbf{0}]$ 即原始线性规划问题的最优解。

（2）非基变量的判别数中存在 $\sigma_k=0$。此时，原问题存在多重解。原因如下：

$$z=\boldsymbol{c}^{\mathrm{T}}\boldsymbol{x}=\boldsymbol{c}_B^{\mathrm{T}}\boldsymbol{B}^{-1}\boldsymbol{b}+\boldsymbol{\sigma}_N^{\mathrm{T}}\boldsymbol{x}_N=\boldsymbol{c}_B^{\mathrm{T}}\boldsymbol{B}^{-1}\boldsymbol{b}+\sigma_k x_k+\cdots \tag{2.27}$$

显然，x_k 取任意值不影响目标函数的值，即有多重解。

（3）任意表某个负检验数相应的系数列均非正。此时，最优解无界。原因如下：假设该负检验数为 σ_k，取其对应的变量作为进基变量。进基后，原来的非基变量变为 $\boldsymbol{x}_N=[0,\cdots,x_k,\cdots,0]^{\mathrm{T}}$，原始的基变量 $\boldsymbol{x}_B$ 可表示为

$$\boldsymbol{x}_B=\boldsymbol{B}^{-1}(\boldsymbol{b}-\boldsymbol{N}\boldsymbol{x}_N)=\boldsymbol{B}^{-1}\boldsymbol{b}-\boldsymbol{B}^{-1}\boldsymbol{P}_k x_k\geqslant\boldsymbol{B}^{-1}\boldsymbol{b} \tag{2.28}$$

即 x_k 取任意非负值，式（2.28）恒成立。当 $x_k\to\infty$ 时，$z=\boldsymbol{c}_B^{\mathrm{T}}\boldsymbol{B}^{-1}\boldsymbol{b}+\sigma_k x_k\to-\infty$ 。

2.5 两阶段法

使用单纯形法，需要给定一个初始基本可行解，以便从这个基本可行解出发，求改进的基本可行解。下面介绍怎样求初始基本可行解。

考虑具有标准形式的线性规划问题：

$$\min z=\boldsymbol{c}^{\mathrm{T}}\boldsymbol{x} \tag{2.29}$$

$$\begin{aligned}\text{s.t. }\ \boldsymbol{A}\boldsymbol{x}&=\boldsymbol{b}\\ \boldsymbol{x}&\geqslant\mathbf{0}\end{aligned} \tag{2.30}$$

式中，$\boldsymbol{A}$ 是 $m\times n$ 矩阵；$\boldsymbol{b}\geqslant\mathbf{0}$。若 $\boldsymbol{A}$ 中含有 m 阶单位矩阵，则初始基本可行解立即得到。例如，$\boldsymbol{A}=[\boldsymbol{I}_m,\boldsymbol{N}]$，那么

$$\boldsymbol{x}=\begin{bmatrix}\boldsymbol{x}_B\\\boldsymbol{x}_N\end{bmatrix}=\begin{bmatrix}\boldsymbol{I}_m^{-1}\boldsymbol{b}\\\mathbf{0}\end{bmatrix}=\begin{bmatrix}\boldsymbol{b}\\\mathbf{0}\end{bmatrix} \tag{2.31}$$

就是一个基本可行解。若 $\boldsymbol{A}$ 中不包含 m 阶单位矩阵，就需要用某种方法求出一个基本可行解。两阶段法的第一阶段提供了求初始基本可行解的方法。

若 $\boldsymbol{A}$ 中不包含 m 阶单位矩阵，为使约束方程的系数矩阵中含有 m 阶单位矩阵，就把每个方程增加一个非负变量（人工变量），令

$$\begin{aligned}&\boldsymbol{Ax}+\boldsymbol{x}_a=\boldsymbol{b}\\&\boldsymbol{x}\geqslant\boldsymbol{0},\ \boldsymbol{x}_a\geqslant\boldsymbol{0}\end{aligned}\tag{2.32}$$

将其写成矩阵形式得到

$$\begin{aligned}&[\boldsymbol{A}\quad \boldsymbol{I}_m]\begin{bmatrix}\boldsymbol{x}\\\boldsymbol{x}_a\end{bmatrix}=\boldsymbol{b}\\&\boldsymbol{x}\geqslant\boldsymbol{0},\ \boldsymbol{x}_a\geqslant\boldsymbol{0}\end{aligned}\tag{2.33}$$

显然，

$$\begin{bmatrix}\boldsymbol{x}\\\boldsymbol{x}_a\end{bmatrix}=\begin{bmatrix}\boldsymbol{0}\\\boldsymbol{I}_m^{-1}\boldsymbol{b}\end{bmatrix}=\begin{bmatrix}\boldsymbol{0}\\\boldsymbol{b}\end{bmatrix}\tag{2.34}$$

是约束方程的一个基本可行解。

注意，修改后的约束已经不再是原来的约束，二者不等价（人工变量不同于松弛变量）。这是因为，原始约束为

$$\begin{aligned}&\boldsymbol{Ax}=\boldsymbol{b}\\&\boldsymbol{x}\geqslant\boldsymbol{0}\end{aligned}\tag{2.35}$$

而修改后的约束为

$$\begin{aligned}&\boldsymbol{Ax}+\boldsymbol{x}_a=\boldsymbol{b}\\&\boldsymbol{x}\geqslant\boldsymbol{0},\ \boldsymbol{x}_a\geqslant\boldsymbol{0}\end{aligned}\tag{2.36}$$

但是，如果从修改后约束的基本可行解出发，能够求出一个使得$\boldsymbol{x}_a=\boldsymbol{0}$的基本可行解，那么就可得到原始问题的一个基本可行解。

两阶段法的第一阶段是用单纯形法消去人工变量，把人工变量都变换成非基变量（即$\boldsymbol{x}_a=\boldsymbol{0}$），求出原始问题的一个基本可行解。

消去人工变量的一种方法是求解下列第一阶段问题：

$$\min z=\boldsymbol{e}^{\mathrm{T}}\boldsymbol{x}_a\tag{2.37}$$

$$\begin{aligned}\text{s. t.}\ &\boldsymbol{Ax}+\boldsymbol{x}_a=\boldsymbol{b}\\&\boldsymbol{x}\geqslant\boldsymbol{0},\ \boldsymbol{x}_a\geqslant\boldsymbol{0}\end{aligned}\tag{2.38}$$

式中，$\boldsymbol{e}=[1,\cdots,1]^{\mathrm{T}}$是全1列向量；$\boldsymbol{x}_a=[\boldsymbol{x}_{n+1},\cdots,\boldsymbol{x}_{n+m}]^{\mathrm{T}}$是人工变量构成的列向量。

求解第一阶段的问题，设得到的最优基本可行解是$\boldsymbol{x}^*=[\bar{\boldsymbol{x}};\ \bar{\boldsymbol{x}}_a]$。此时必为下列三种情形之一：

(1) $\bar{\boldsymbol{x}}_a\neq\boldsymbol{0}$，这时原始线性规划无可行解。因为如果原始线性规划存在可行解$\hat{\boldsymbol{x}}$，则$[\boldsymbol{x};\ \boldsymbol{x}_a]=[\hat{\boldsymbol{x}};\ \boldsymbol{0}]$是修改后的线性规划的可行解。在此点，目标函数值$c=\boldsymbol{e}^{\mathrm{T}}\boldsymbol{0}=0<\boldsymbol{e}^{\mathrm{T}}\bar{\boldsymbol{x}}_a$，这与$\boldsymbol{e}^{\mathrm{T}}\bar{\boldsymbol{x}}_a$是目标函数的最优值矛盾。

(2) $\bar{\boldsymbol{x}}_a=\boldsymbol{0}$并且$\boldsymbol{x}_a$的分量都是非基变量，这时$m$个基变量都是原来的变量。由于$[\boldsymbol{x};\ \boldsymbol{x}_a]=[\bar{\boldsymbol{x}};\ \boldsymbol{0}]$是修改后线性规划的基本可行解，因而$\boldsymbol{x}=\bar{\boldsymbol{x}}$是原始线性规划的一个基本可行解。求得基本可行解后，开始第二阶段。

(3) $\bar{\boldsymbol{x}}_a = \mathbf{0}$ 并且 $\boldsymbol{x}_a$ 的某些分量是基变量。这时可用主元消去法把原来变量中的某些非基变量引进基，替换出基变量中的人工变量，再进入第二阶段。

两阶段法的第二阶段，就是从得到原始问题的基本可行解出发，用单纯形法求解原始线性规划的最优解（具体方法在 2.4 节已经介绍）。

例 2.5.1　采用两阶段法求解下列问题：

$$\max\ 2x_1 - x_2$$
$$\text{s. t.} \begin{cases} x_1 + x_2 \geqslant 2 \\ x_1 - x_2 \geqslant 1 \\ x_1 \leqslant 3 \\ x_1, x_2 \geqslant 0 \end{cases}$$

解析　首先，引进变量 x_3、x_4、x_5 把上述问题化成标准形式，再引进人工变量 x_6、x_7，得到下列第一阶段问题：

$$\min\ x_6 + x_7$$
$$\text{s. t.} \begin{cases} x_1 + x_2 - x_3 + x_6 = 2 \\ x_1 - x_2 - x_4 + x_7 = 1 \\ x_1 + x_5 = 3 \\ x_j \geqslant 0,\ j = 1, 2, \cdots, 7 \end{cases}$$

(1) 先用单纯形法解第一阶段问题($\min\ x_6 + x_7$)。迭代过程如下：

$\boldsymbol{c_B}$	$\boldsymbol{x_B}$	$\boldsymbol{B^{-1}b}$	0 x_1	0 x_2	0 x_3	0 x_4	0 x_5	1 x_6	1 x_7	$\boldsymbol{\theta}$
1	x_6	2	1	1	−1	0	0	1	0	2
1	x_7	1	1	−1	0	−1	0	0	1	**1**
0	x_5	3	1	0	0	0	1	0	0	3
	$\boldsymbol{\sigma}^{\mathrm{T}}$		**−2**	0	1	1				
1	x_6	1	0	2	−1	1	0	1	−1	$\boldsymbol{\frac{1}{2}}$
0	x_1	1	1	−1	0	−1	0	0	1	
0	x_5	2	0	1	0	1	1	0	−1	2
	$\boldsymbol{\sigma}^{\mathrm{T}}$			**−2**	1	−1			2	
0	x_2	$\frac{1}{2}$	0	1	$-\frac{1}{2}$	$\frac{1}{2}$	0	$\frac{1}{2}$	$-\frac{1}{2}$	$\frac{1}{2}$
0	x_1	$\frac{3}{2}$	1	0	$-\frac{1}{2}$	$-\frac{1}{2}$	0	$\frac{1}{2}$	$\frac{1}{2}$	
0	x_5	$\frac{3}{2}$	0	0	$\frac{1}{2}$	$\frac{1}{2}$	1	$-\frac{1}{2}$	$-\frac{1}{2}$	2
	$\boldsymbol{\sigma}^{\mathrm{T}}$				0	0		1	1	

得到一个最优解 $[x_2,x_1,x_5,x_3,x_4,x_6,x_7]^{\mathrm{T}}=\left[\frac{1}{2},\frac{3}{2},\frac{3}{2},0,0,0,0\right]^{\mathrm{T}}$。由于人工变量 $x_6=x_7=0$，该最优解是原始线性规划的一个基本可行解。

(2) 再采用单纯形法解第二阶段问题($\min -2x_1+x_2$)。迭代过程如下：

c_B	x_B	$B^{-1}b$	-2 x_1	1 x_2	0 x_3	0 x_4	0 x_5	θ
1	x_2	$\frac{1}{2}$	0	1	$-\frac{1}{2}$	$\frac{1}{2}$	0	**1**
-2	x_1	$\frac{3}{2}$	1	0	$-\frac{1}{2}$	$-\frac{1}{2}$	0	
0	x_5	$\frac{3}{2}$	0	0	$\frac{1}{2}$	$\frac{1}{2}$	1	3
	σ^{T}				$-\frac{1}{2}$	$-\frac{\mathbf{3}}{\mathbf{2}}$		
0	x_4	1	0	2	-1	1	0	
-2	x_1	2	1	1	-1	0	0	
0	x_5	1	0	-1	1	0	1	**1**
	σ^{T}			3	$\mathbf{-2}$			
0	x_4	2	0	1	0	1	1	
-2	x_1	3	1	0	0	0	1	
0	x_3	1	0	-1	1	0	1	
	σ^{T}			1			2	

得到原始问题的最优解 $[x_4,x_1,x_3,x_2,x_5]^{\mathrm{T}}=[2,3,1,0,0]^{\mathrm{T}}$，对应的最优目标函数为 $c^*=\boldsymbol{c}_B^{\mathrm{T}}\boldsymbol{x}_B=-6$。

例 2.5.2 采用两阶段法求解下列问题：

$$\min x_1-x_2$$

$$\text{s.t.}\begin{cases}-x_1+2x_2+x_3\leqslant 2\\-4x_1+4x_2-x_3=4\\x_1\qquad\quad-x_3=0\\x_1,x_2,x_3\geqslant 0\end{cases}$$

解析 引入松弛变量 x_4，把上述问题化成标准形式，再引进人工变量 x_5 和 x_6，构造单位矩阵，得到如下第一阶段问题：

$$\min x_5 + x_6$$

$$\text{s. t.} \begin{cases} -x_1 + 2x_2 + x_3 + x_4 = 2 \\ -4x_1 + 4x_2 - x_3 + x_5 = 4 \\ x_1 - x_3 + x_6 = 0 \\ x_j \geqslant 0,\ j = 1,2,\cdots,6 \end{cases}$$

(1) 先用单纯形法解第一阶段问题($\min x_5 + x_6$)。迭代如下:

$\boldsymbol{c_B}$	$\boldsymbol{x_B}$	$\boldsymbol{B^{-1}b}$	0 x_1	0 x_2	0 x_3	0 x_4	0 x_5	1 x_6	$\boldsymbol{\theta}$
0	x_4	2	−1	2	1	1	0	0	**1**
1	x_5	4	−4	4	−1	0	1	0	1
1	x_6	0	1	0	−1	0	0	1	
	$\boldsymbol{\sigma}^{\mathrm{T}}$		3	**−4**	2				
0	x_2	1	$-\frac{1}{2}$	1	$\frac{1}{2}$	$\frac{1}{2}$	0	0	
1	x_5	0	−2	0	−3	−2	1	0	
1	x_6	0	1	0	−1	0	0	1	
	$\boldsymbol{\sigma}^{\mathrm{T}}$		1		4	2			

由判别数 $\boldsymbol{\sigma}_N \geqslant \boldsymbol{0}$ 可知，第一阶段问题已经达到最优解，但是人工变量 x_5 和 x_6 出现在基变量中，需要替换出。

用非基变量将人工变量 x_5 和 x_6 替换，使之离基。方法如下:

$\boldsymbol{c_B}$	$\boldsymbol{x_B}$	$\boldsymbol{B^{-1}b}$	0 x_1	0 x_2	0 x_3	0 x_4	1 x_5	1 x_6	$\boldsymbol{\theta}$
	x_2	1	$-\frac{1}{2}$	1	$\frac{1}{2}$	$\frac{1}{2}$	0	0	
	x_5	0	−2	0	−3	−2	1	0	
	x_6	0	1	0	−1	0	0	1	
	$\boldsymbol{\sigma}^{\mathrm{T}}$								
	x_2	1	0	1	0	$\frac{1}{2}$	0	$\frac{1}{2}$	
	x_5	0	0	0	−5	−2	1	2	
	x_1	0	1	0	−1	0	0	1	
	$\boldsymbol{\sigma}^{\mathrm{T}}$								

续表

c_B	x_B	$B^{-1}b$	0 x_1	0 x_2	0 x_3	0 x_4	1 x_5	1 x_6	θ
	x_2	1	0	1	0	$\frac{1}{2}$	0	$\frac{1}{2}$	
	x_3	0	0	0	1	$\frac{2}{5}$	$-\frac{1}{5}$	$-\frac{2}{5}$	
	x_1	0	1	0	0	$\frac{2}{5}$	$-\frac{1}{5}$	$\frac{3}{5}$	
	σ^T								

基变量均为原始变量，得到第一阶段问题的一个基本可行解：

$$[x_2,x_3,x_1,x_4,x_5,x_6]^T=[0,1,0,0,0,0]^T$$

（2）再采用单纯形法解第二阶段问题（$\min x_1-x_2$）。迭代如下：

c_B	x_B	$B^{-1}b$	1 x_1	−1 x_2	0 x_3	0 x_4	1 x_5	1 x_6	θ
−1	x_2	1	0	1	0	$\frac{1}{2}$	0	0	
0	x_3	0	0	0	1	$\frac{2}{5}$	$-\frac{1}{5}$	0	
1	x_1	0	1	0	0	$\frac{2}{5}$	$-\frac{1}{5}$	1	
	σ^T					$\frac{1}{10}$			

此表已经达到最优解，最优解为

$$\boldsymbol{x}^*=[x_2,x_3,x_1,x_4]^T=[1,0,0,0]^T$$

$$c^*=\boldsymbol{c}_B^T\boldsymbol{x}_B=-1$$

2.6 大M法

若线性规划的标准形式为

$$\min z=\boldsymbol{c}^T\boldsymbol{x} \tag{2.39}$$

$$\text{s.t.}\begin{cases}\boldsymbol{Ax}=\boldsymbol{b}\\ \boldsymbol{x}\geqslant\boldsymbol{0}\end{cases} \tag{2.40}$$

如果系数矩阵 $\boldsymbol{A}$ 中不含有单位矩阵 $\boldsymbol{I}$，比如：

$$\min z = -4x_1 + 3x_2 + 2x_3$$

$$\text{s. t.}\begin{cases} x_1 - 2x_2 + 2x_3 \leqslant 8 \\ -2x_1 + x_2 + x_3 \geqslant 4 \\ -x_1 + x_3 = 2 \\ x_i \geqslant 0,\ i = 1,2,3 \end{cases}$$

那么可以通过引入变量 x_4 和 x_5，将其转化为标准形式：

$$\min z = -4x_1 + 3x_2 + 2x_3$$

$$\text{s. t.}\begin{cases} x_1 - 2x_2 + 2x_3 + x_4 = 8 \\ -2x_1 + x_2 + x_3 - x_5 = 4 \\ -x_1 + x_3 = 2 \\ x_i \geqslant 0,\ i = 1,2,\cdots,5 \end{cases}$$

对于这种情况，还可以采用大 M 法求解。大 M 法的思路：首先，在第 2 个、第 3 个约束方程左边分别添加人工变量 $x_6 \geqslant 0$，$x_7 \geqslant 0$；然后，在新的线性规划中，人工变量在目标函数中的系数均为 M，M 是一个很大的正数。

例 2.6.1　采用大 M 法求解下列线性规划：

$$\min z = -4x_1 + 3x_2 + 2x_3$$

$$\text{s. t.}\begin{cases} x_1 - 2x_2 + 2x_3 \leqslant 8 \\ -2x_1 + x_2 + x_3 \geqslant 4 \\ -x_1 + x_3 = 2 \\ x_i \geqslant 0,\ i = 1,2,3 \end{cases}$$

解析　结合前述分析，将其写成大 M 法要求的形式：

$$\min z = -4x_1 + 3x_2 + 2x_3 + Mx_6 + Mx_7$$

$$\text{s. t.}\begin{cases} x_1 - 2x_2 + 2x_3 + x_4 = 8 \\ -2x_1 + x_2 + x_3 - x_5 + x_6 = 4 \\ -x_1 + x_3 + x_7 = 2 \\ x_i \geqslant 0,\ i = 1,2,\cdots,7 \end{cases}$$

采用大 M 法求解，迭代对应单纯形表如下：

$\boldsymbol{c_B}$	$\boldsymbol{x_B}$	$\boldsymbol{B^{-1}b}$	-4 x_1	3 x_2	2 x_3	0 x_4	0 x_5	M x_6	M x_7	$\boldsymbol{\theta}$
0	x_4	1	0	-2	2	1	0	0	0	4
M	x_6	0	-2	1	1	0	-1	1	0	4
M	x_7	0	-1	0	1	0	0	0	1	**2**
$\sigma_j = c_j - \boldsymbol{c}_B^{\mathrm{T}}(\boldsymbol{B}^{-1}\boldsymbol{P}_j)$			$-4+3M$	$3-M$	$\boldsymbol{2-2M}$		M			

续表

c_B	x_B	$B^{-1}b$	-4 x_1	3 x_2	2 x_3	0 x_4	0 x_5	M x_6	M x_7	θ
0	x_4	8	1	−2	2	1	0	0	0	4
M	x_6	4	−2	1	1	0	−1	1	0	4
M	x_7	2	−1	0	1	0	0	0	1	**2**
	σ^T		$-2+M$	$3-M$	$\mathbf{2-2M}$		M			
0	x_4	8	3	−2	0	1	0	0	−2	—
M	x_6	4	−1	1	0	0	−1	1	−1	**2**
2	x_3	2	−1	0	1	0	0	0	1	—
	σ^T		$-2+M$	$\mathbf{3-M}$			M		$2M-2$	
0	x_4	8	1	0	0	1	−2	2	−4	
3	x_2	2	−1	1	0	0	−1	1	−1	
2	x_3	2	−1	0	1	0	0	0	1	
	σ^T		1				3	$M-3$	$M+1$	

根据判别数可知，已经达到最优解，最优解为

$$\boldsymbol{x}^* = [x_1, x_2, x_3, x_4, x_5, x_6, x_7]^T = [0,2,2,8,0,0,0]^T$$

$$c^* = \boldsymbol{c}_B^T \boldsymbol{x}_B = 10$$

使用大 M 法求解线性规划问题（min 型），会出现以下两种情况：

（1）最优解的基变量中不含人工变量，即人工变量均为零。可以证明在此情况下，从最优解中去掉人工变量即原始线性规划问题的最优解。

（2）最优解的基变量中含有人工变量，并且人工变量不为零（即 $\boldsymbol{x}_a \neq \boldsymbol{0}$）。可以证明在此情况下，原始线性规划问题无可行解。分析如下：

记大 M 法对应的线性规划最优解为 $\boldsymbol{x}^* = [\boldsymbol{x}; \boldsymbol{x}_a]$，那么最优目标函数为

$$z^* = \boldsymbol{c}^T\boldsymbol{x} + M\boldsymbol{e}^T\boldsymbol{x}_a \tag{2.41}$$

式中，$\boldsymbol{e} = [1,\cdots,1]^T$。假设原始线性规划问题存在可行解$\boldsymbol{x}_0$，那么$[\boldsymbol{x}_0; \boldsymbol{0}]$是大 M 法对应的线性规划的可行解，对应的目标函数为

$$z_0 = \boldsymbol{c}^T\boldsymbol{x}_0 \tag{2.42}$$

由于 M 是很大的正数，从而 $z^* > z_0$，这与 z^* 是最优值矛盾，故假设不成立。

（3）任意表有负检验数相应的系数列均非正，此时原问题无界。

（4）最优解的基变量中不含人工变量并且判别数$\boldsymbol{\sigma}_N$ 中存在 $\sigma_k = 0$，那么原问题有无穷多解（原因与 2.4 节中常规线性规划的单纯形法相同）。

2.7 MATLAB 实例练习

2.7.1 MATLAB 线性规划函数

MATLAB 的线性规划函数为 linprog。在 MATLAB 的“帮助”页面输入“linprog”，可得

到 linprog 的相关介绍，如图 2.4 所示，应用示例如图 2.5 所示。

linprog

Solve linear programming problems

Linear programming solver

Finds the minimum of a problem specified by

$$\min_{x} f^{T}x \text{ such that } \begin{cases} A \cdot x \le b, \\ Aeq \cdot x = beq, \\ lb \le x \le ub. \end{cases}$$

f, x, b, beq, lb, and ub are vectors, and A and Aeq are matrices.

Syntax

```
x = linprog(f,A,b)
x = linprog(f,A,b,Aeq,beq)
x = linprog(f,A,b,Aeq,beq,lb,ub)
x = linprog(f,A,b,Aeq,beq,lb,ub,options)
x = linprog(problem)
[x,fval] = linprog(___)
[x,fval,exitflag,output] = linprog(___)
[x,fval,exitflag,output,lambda] = linprog(___)
```

图 2.4　MATLAB 线性规划函数（linprog）语法

Linear Program, Linear Inequality Constraints

Solve a simple linear program defined by linear inequalities.

For this example, use these linear inequality constraints:

$$x(1) + x(2) \le 2$$
$$x(1) + x(2)/4 \le 1$$
$$x(1) - x(2) \le 2$$
$$-x(1)/4 - x(2) \le 1$$
$$-x(1) - x(2) \le -1$$
$$-x(1) + x(2) \le 2.$$

```
A = [1 1
    1 1/4
    1 -1
    -1/4 -1
    -1 -1
    -1 1];

b = [2 1 2 1 -1 2];
```

Use the objective function $-x(1) - x(2)/3$.

```
f = [-1 -1/3];
```

Solve the linear program.

```
x = linprog(f,A,b)
```

图 2.5　MATLAB 线性规划函数（linprog）应用

2.7.2　MATLAB 线性规划实例

例 2.7.1　应用 MATLAB 的 linprog 函数求解如下线性规划（例 2.4.1 的原始形式）：

$$\max z = 7x_1 + 12x_2$$

$$\text{s. t.}\begin{cases} 9x_1 + 4x_2 \leqslant 360 \\ 4x_1 + 5x_2 \leqslant 200 \\ 3x_1 + 10x_2 \leqslant 300 \\ x_1, x_2 \geqslant 0 \end{cases}$$

采用 MATLAB 的 linprog 函数求解该问题的代码①如下：

```
f =-[7   12]' ;
A = [9   4; 4   5; 3   10];
b = [360   200   300]' ;
lb = zeros(2, 1);
[x,fval] = linprog(f, A, b, [ ], [ ], lb, [ ])
```

运行结果如下：

```
x =
    20.0000
    24.0000
fval =
  -428
```

例 2.7.2 应用 MATLAB 的 linprog 函数求解例 2.6.1 所示的线性规划：

$$\min z = -4x_1 + 3x_2 + 2x_3$$

$$\text{s. t.}\begin{cases} x_1 - 2x_2 + 2x_3 \leqslant 8 \\ -2x_1 + x_2 + x_3 \geqslant 4 \\ -x_1 + x_3 = 2 \\ x_i \geqslant 0,\ i = 1,2,3 \end{cases}$$

解析 采用 MATLAB 的 linprog 函数求解该问题的代码如下：

```
f = [-4   3   2]' ;
A = [1   -2   2; 2   -1   -1];
B = [8   -4]' ;
Aeq = [-1   0   1];
beq = [ 2 ]' ;
lb = zeros(3, 1);
[x, fval] = linprog(f, A, b, Aeq, beq, lb, [ ])
```

① 该代码已在 MATLAB 2017a 上通过测试。作为基本功能，在不同版本的 MATLAB 上通常都能运行。

运行结果如下：

```
x =
         0
    2.0000
    2.0000
fval =
    10
```

习　　题

1. 请简要描述两阶段法求解线性规划问题的基本思路（采用文字描述基本思路即可）。

2. 采用单纯形表法求解如下线性规划问题，并给出最优解对应的基矩阵。

$$\min z = -4x_1 + 3x_2 + 2x_3$$

$$\text{s.t.}\begin{cases} x_1 - 2x_2 + 2x_3 \leqslant 8 \\ -2x_1 + x_2 + x_3 \geqslant 4 \\ -x_1 + x_3 = 2.5 \\ x_i \geqslant 0,\ i = 1,2,3 \end{cases}$$

第3章
一维搜索

3.1 引　　言

在许多迭代优化算法中，得到迭代点 $\boldsymbol{x}^{(k)}$ 后，需要按某种规则确定一个搜索方向 $\boldsymbol{d}^{(k)}$，然后从 $\boldsymbol{x}^{(k)}$ 出发，沿方向 $\boldsymbol{d}^{(k)}$ 在直线（或射线）上求目标函数的极小点，从而得到 $\boldsymbol{x}^{(k)}$ 的后继迭代点 $\boldsymbol{x}^{(k+1)}$。重复以上做法，直至求得问题的解。

这种求目标函数在直线上的极小点称为一维搜索，或称为线搜索，属于单变量极小化问题，即在射线 $\boldsymbol{x}^{(k)}+\lambda\boldsymbol{d}^{(k)}$ 上选取 λ，使目标函数达到极小值：

$$\min_{\lambda}\varphi(\lambda)=\min_{\lambda}f(\boldsymbol{x}^{(k)}+\lambda\boldsymbol{d}^{(k)}),\quad -\infty<\lambda<\infty \tag{3.1}$$

一维搜索算法主要研究如何确定 λ，使得目标函数得到最优。

3.2 牛　顿　法

牛顿法的基本思想：在极小点附近用二阶泰勒多项式近似目标函数 $f(x)$ 的值，进而求出极小点的估计值。考虑如下问题：

$$\min\ f(x),\ x\in\mathbf{R} \tag{3.2}$$

将 $f(x)$ 在 $x^{(k)}$ 附近二阶泰勒展开，得到

$$\varphi(x)=f(x^{(k)})+f'(x^{(k)})(x-x^{(k)})+\frac{1}{2}f''(x^{(k)})(x-x^{(k)})^2 \tag{3.3}$$

令

$$\varphi'(x)=f'(x^{(k)})+f''(x^{(k)})(x-x^{(k)})=0 \tag{3.4}$$

可得到 $\varphi'(x)$ 的极点，记作 $x^{(k+1)}$，则

$$x^{(k+1)}=x^{(k)}-\frac{f'(x^{(k)})}{f''(x^{(k)})} \tag{3.5}$$

由于在点 $x^{(k)}$ 附近，$\varphi(x)\approx f(x)$，因而可用 $\varphi(x)$ 的极小点作为 $f(x)$ 的极小点的估计。

牛顿法的几何意义是取曲线 $y=f'(x)$ 在点 $x^{(k)}$ 处的切线与 x 轴的交点作为下一点 $x^{(k+1)}$，如图 3.1 所示。

在图 3.1 中，过 $(x^{(k)},f'(x^{(k)}))$ 的切线方程为

$$y-f'(x^{(k)})=f''(x^{(k)})(x-x^{(k)}) \tag{3.6}$$

令 $y=0$，解出

$$x=x^{(k)}-\frac{f'(x^{(k)})}{f''(x^{(k)})} \tag{3.7}$$

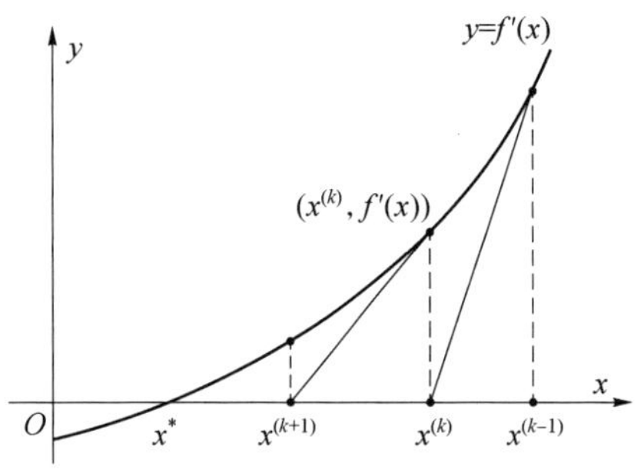

图 3.1　牛顿法的几何意义示意图

【定理 3.2.1】 牛顿法收敛阶定理。

设 $f(x)$ 存在连续三阶导数，$\bar{x}$ 满足 $f'(\bar{x})=0$，$f''(\bar{x})\neq 0$，初点 $x^{(1)}$ 充分接近 $\bar{x}$，则牛顿法产生的序列 $\{x^{(k)}\}$ 至少以 2 阶收敛速度收敛于 $\bar{x}$。

$$|x^{(k+1)}-\bar{x}|\leqslant\frac{f'''(\xi)}{2f''(x^{(k)})}(x^{(k)}-\bar{x})^2 \tag{3.8}$$

说明： 该定理的证明过程比较复杂，在此省略，对此感兴趣的读者可以查阅相关资料，如文献 [1]。

例 3.2.1　求函数 $f(x)=x^4-4x^3-6x^2-16x+4$ 的极小点。

解析　采用牛顿法求解该问题。当迭代初值在 Ⅱ 区时，牛顿法产生的序列在 Ⅱ 区和 Ⅲ 区振荡，甚至不收敛。当迭代初值在 Ⅰ 区或者 Ⅲ 区时，牛顿法能够快速收敛至最优解（$x^*=4$）。图 3.2 给出初值选在不同区域的迭代过程。

牛顿法的优点是收敛速度快，即达到近似最优解所需要的迭代次数相对较少；牛顿法的缺点是一方面需要计算二阶导数，另一方面要求初始点选得比较好。

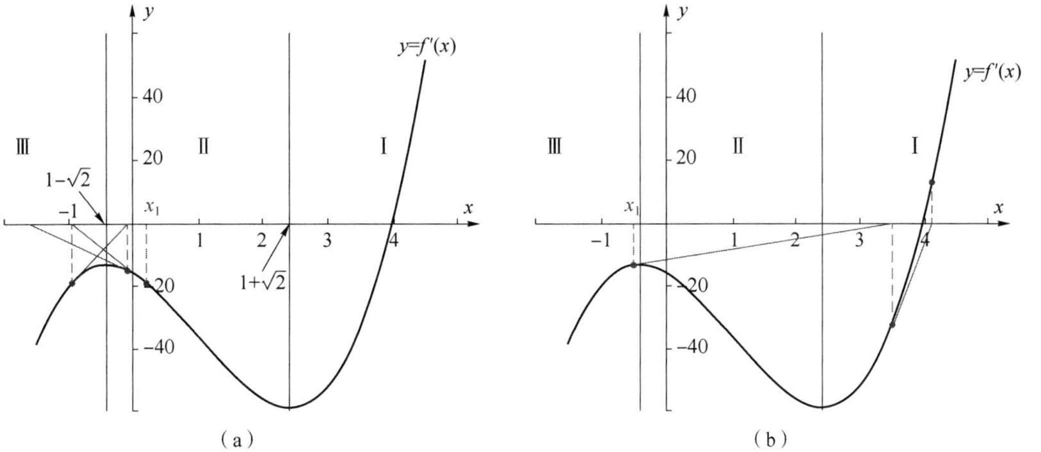

图 3.2　初值取在不同区域的迭代效果（附彩图）

（a）初值在 Ⅱ 区；（b）初值在 Ⅲ 区

3.3 割线法

曲线上两点的连线称为割线。割线法的基本思想是用割线逼近目标函数的导函数 $y=f'(x)$，把割线的零点作为目标函数的驻点的估计，如图 3.3 所示。

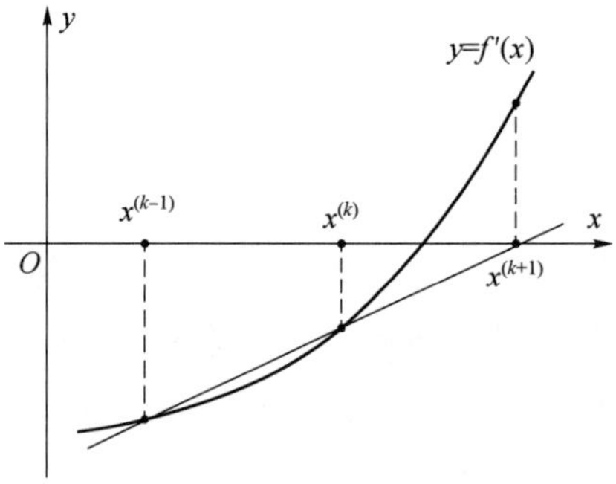

图 3.3　割线法的几何意义示意图

【定理 3.3.1】 设 $f(x)$ 存在连续三阶导数，$\bar{x}$ 满足 $f'(\bar{x})=0$，$f''(\bar{x})\neq 0$，若 $x^{(1)}$ 和 $x^{(2)}$ 充分接近 $\bar{x}$，则割线法产生的序列 $\{x^{(k)}\}$ 收敛于 $\bar{x}$，收敛阶为 1.618，即

$$|x^{(k+1)}-\bar{x}| \leqslant \left|\frac{f'''(\bar{x})}{2f''(\bar{x})}\right|^{\tau_1-1} \cdot |x^{(k)}-\bar{x}|^{\tau_1},\ \tau_1=1.618 \tag{3.9}$$

3.4 二分法

二分法又称平分法，其原理是如果能找到一个区间 $[a,b]$，使 $f'(a)<0$，$f'(b)>0$，则极小值点 x^* 必在区间 $[a,b]$ 中，且使 $f'(x^*)=0$，如图 3.4 所示。

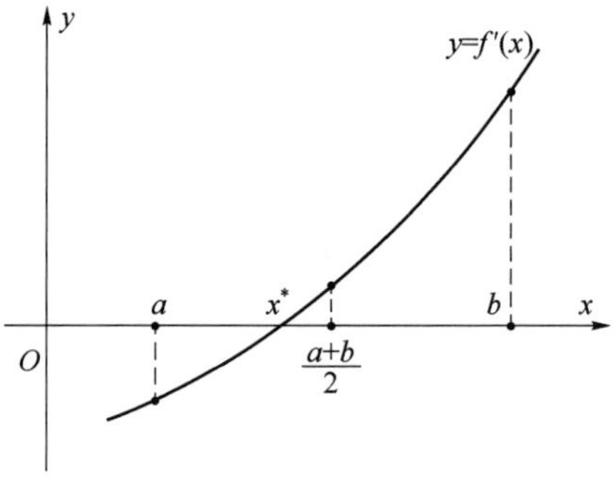

图 3.4　二分法的几何意义示意图

为确定初始区间，首先选取初始点 x_0 并计算 $f'(x_0)$，再按照以下方法搜索 x_1：

(1) 若 $f'(x_0) < 0$，则在 $f'(x)$ 增加方向搜索 $x_1 = x_0 + \Delta x$，使得 $f'(x_1) > 0$。

(2) 若 $f'(x_0) > 0$，则在 $f'(x)$ 减小方向搜索 $x_1 = x_0 + \Delta x$，使得 $f'(x_1) < 0$。

(3) 若 $f'(x_0) = 0$，则达到最优解。

3.5 黄金分割法

前面介绍的一维搜索算法都要用到导函数。黄金分割法又称 0.618 法，是一种不用计算函数导数，直接比较函数 $f(x)$ 大小的算法，如图 3.5 所示。

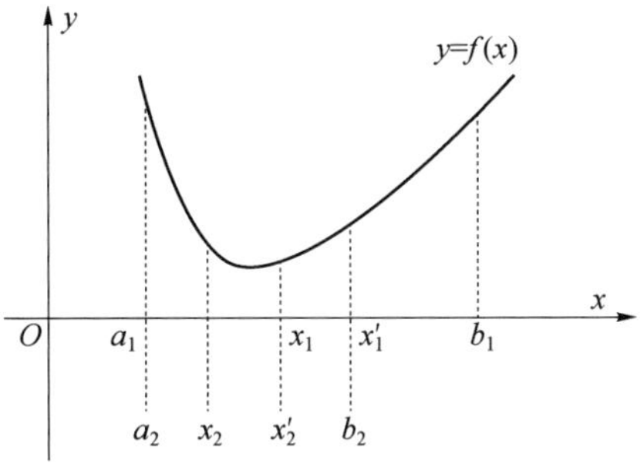

图 3.5 黄金分割法示意图

黄金分割法的求解流程如下：

第 1 步，确定包含最优解的初始区间 $[a_1, b_1]$。

第 2 步，在区间 $[a_1, b_1]$ 中按一定的规律取两点，计算相应的值 $f(x)$。

第 3 步，取函数值两头大、中间小的三个点，形成一个新的区间 $[a_2, b_2]$。

第 4 步，重复第 2 步、第 3 步，直至 $|b_n - a_n| \leqslant \varepsilon$，则 $x^* = \dfrac{a_n + b_n}{2}$。

在第 2 步中，以区间 $[a_1, b_1]$ 为例，选取新点的方法如下：

$$\begin{cases} x_1' = a_1 + \alpha(b_1 - a_1) \\ x_1 = b_1 - \alpha(b_1 - a_1) \end{cases} \tag{3.10}$$

在区间 $[a_2, b_2]$ 中，选取新点的方法类似：

$$\begin{cases} x_2' = a_2 + \alpha(b_2 - a_2) \\ x_2 = b_2 - \alpha(b_2 - a_2) \end{cases} \tag{3.11}$$

为了减少一个函数值的计算，希望 x_2 或者 x_2' 与 x_1 重合。据此可以解出：

$$\alpha = \frac{-1 + \sqrt{5}}{2} = 0.618 \tag{3.12}$$

为了便于介绍黄金分割因子 α 的求解方法，不妨假设区间 $[a_1, b_1]$ 的长度为 1，那么各子区间长度如图 3.6 所示。

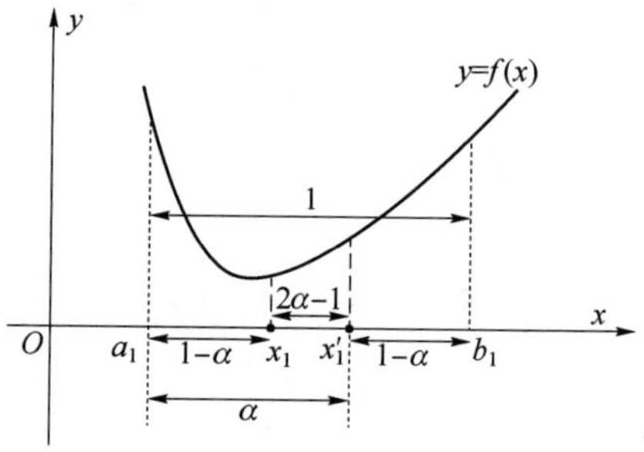

图 3.6　黄金分割法子区间长度示意图

在新区间 $[a_2,b_2]=[a_1,x'_1]$ 内，如果新点 x_2 与 x_1 重合，那么

$$\frac{2\alpha-1}{\alpha}=\frac{\alpha}{1}$$

将其整理得到：

$$\alpha^2-2\alpha+1=0$$

由此可以解出：

$$\alpha=1$$

根据方程可知，$\alpha=1$ 表示 x_2 与 a_2 重合，不符合区间分割要求。

在新区间 $[a_2,b_2]=[a_1,x'_1]$ 内，如果 x'_2 与 x_1 重合，那么

$$\frac{1-\alpha}{\alpha}=\frac{\alpha}{1}$$

将其整理得到：

$$\alpha^2+\alpha-1=0$$

由此可以解出：

$$\alpha=\frac{-1+\sqrt{5}}{2}=0.618$$

3.6　抛物线法

抛物线法的基本思想：在极小点附近用抛物线 $\varphi(x)$ 逼近目标函数 $f(x)$，取该抛物线的极小点作为 $f(x)$ 极小点的近似估计，如图 3.7 所示。

以二次抛物线为例，抛物线法的流程如下：

第 1 步，需要确定使得函数值两头大、中间小的三个点，如图 3.7 中的点 A、B、C 所示，具体取法与前述二分法类似。

第 2 步，拟合抛物线并求解抛物线的极小点作为 $f(x)$ 极小点的近似估计。

第 3 步，以求解的极小点为一个点，确定使得函数值两头大、中间小的三个点。

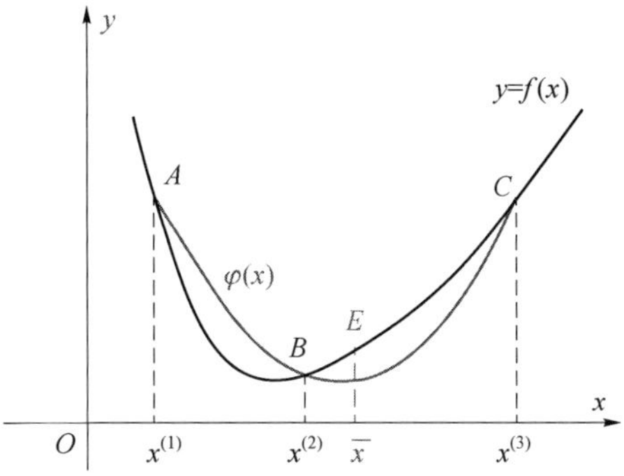

图 3.7　抛物线法示意图（附彩图）

第 4 步，返回第 2 步，重复上述操作，直到区间足够小。

抛物线法也是一种不用计算函数导数，直接对函数 $f(x)$ 进行运算的方法。在实际应用中，常采用二次抛物线法，也会用到一些高阶抛物线法。

3.7　MATLAB 实例练习

3.7.1　MATLAB 一维搜索函数

MATLAB 的一维搜索函数为 fminbnd。在 MATLAB 的“帮助”页面输入“fminbnd”，可得到 fminbnd 的相关介绍，如图 3.8 所示，应用示例如图 3.9 所示。

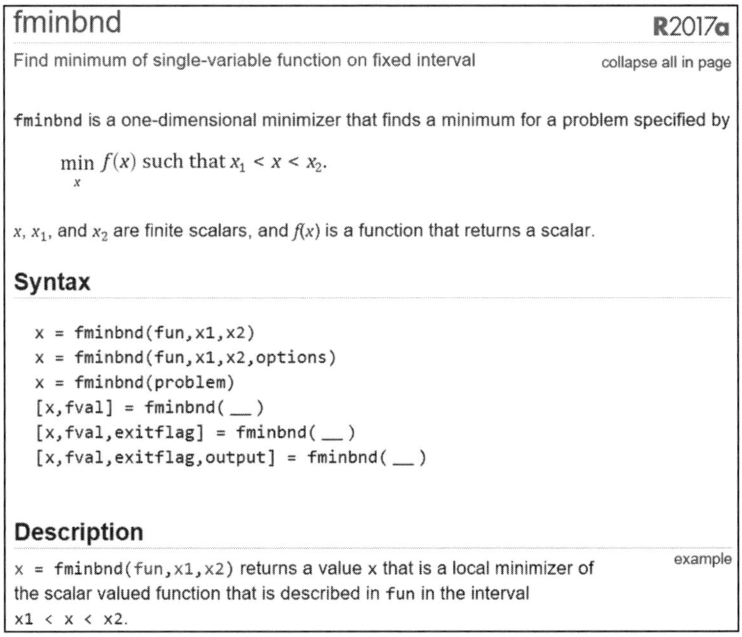

fminbnd　R2017a

Find minimum of single-variable function on fixed interval　collapse all in page

fminbnd is a one-dimensional minimizer that finds a minimum for a problem specified by

$$\min_x f(x) \text{ such that } x_1 < x < x_2.$$

x, x_1, and x_2 are finite scalars, and $f(x)$ is a function that returns a scalar.

Syntax

```
x = fminbnd(fun,x1,x2)
x = fminbnd(fun,x1,x2,options)
x = fminbnd(problem)
[x,fval] = fminbnd(__)
[x,fval,exitflag] = fminbnd(__)
[x,fval,exitflag,output] = fminbnd(__)
```

Description

example

x = fminbnd(fun,x1,x2) returns a value x that is a local minimizer of the scalar valued function that is described in fun in the interval x1 < x < x2.

图 3.8　MATLAB 一维搜索函数（fminbnd）语法

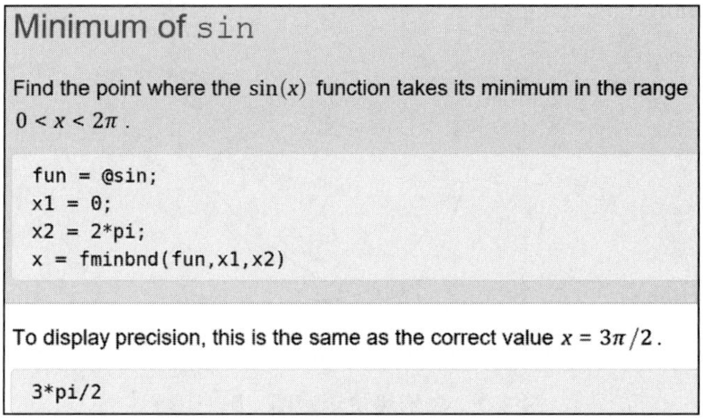

Minimum of sin

Find the point where the $\sin(x)$ function takes its minimum in the range $0 < x < 2\pi$.

```
fun = @sin;
x1 = 0;
x2 = 2*pi;
x = fminbnd(fun,x1,x2)
```

To display precision, this is the same as the correct value $x = 3\pi/2$.

```
3*pi/2
```

图 3.9 MATLAB 一维搜索函数（fminbnd）应用示例

3.7.2 MATLAB 一维搜索实例

例 3.7.1 应用 MATLAB 的 fminbnd 函数求解如下一维搜索问题：

$$\min \ f(x) = x^3 - 2x - 5$$

解析 为了全面了解函数的特性，首先应用 MATLAB 绘制函数曲线，然后调用一维搜索函数求最优解。代码如下：

```
x = 0:0.1:2;
y = x.^3-2*x-5;
figure, plot(x, y, '-r', 'LineWidth', 1), grid on;
xlabel('变量 x', 'FontSize', 13);
ylabel('函数 f(x)', 'FontSize', 13);
title('f(x) = x^3-2*x-5');
f = @(x)x.^3-2*x-5;
[x, fval] = fminbnd(f, 0, 2)
```

运行程序，绘制的函数曲线如图 3.10 所示。

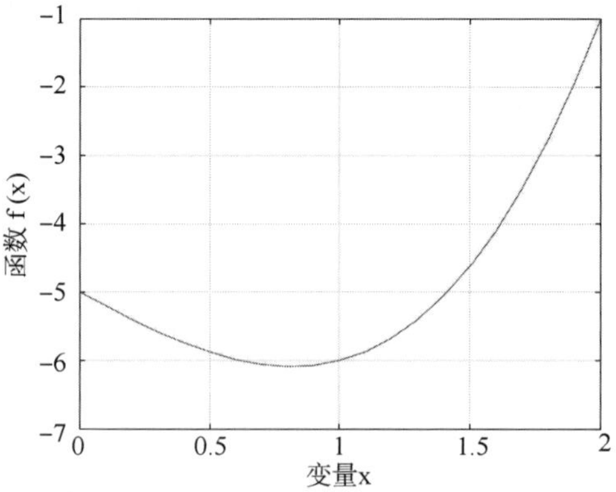

图 3.10 MATLAB 绘制的函数曲线

MATLAB 的 fminbnd 函数解出的最优解如下：

```
x =
     0.8165
fval =
    -6.0887
```

例 3.7.2　应用 MATLAB 的 fminbnd 函数求解如下一维搜索问题（例 3.2.1）：

$$\min\ f(x) = x^4 - 4x^3 - 6x^2 - 16x + 4$$

解析　为了全面了解函数的特性，首先应用 MATLAB 绘制函数曲线，然后调用一维搜索函数求最优解。代码如下：

```
x = (-6:0.1:8)';
y = x.^4 - 4 * x.^3 - 6 * x.^2 - 16 * x + 4;
figure, plot(x, y, '-'), grid on;
xlabel('变量 x','FontSize', 13),
ylabel('函数 f(x)', 'FontSize', 13),
title('f(x) = x^4 - 4 * x^3 - 6 * x^2 - 16 * x + 4')
f = @(x)x.^4 - 4 * x.^3 - 6 * x.^2 - 16 * x + 4;
x1 = -5; x2 = 60;
[x, fval] = fminbnd(f, x1, x2)
```

运行程序，绘制的函数曲线如图 3.11 所示。

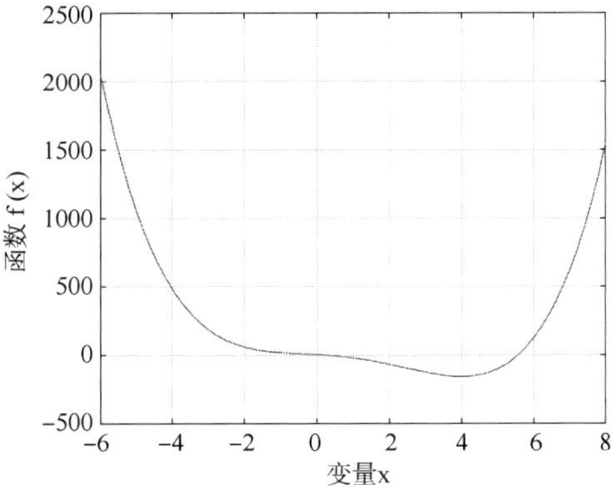

图 3.11　MATLAB 绘制的函数曲线

MATLAB 的 fminbnd 函数解出的最优解如下：

```
x =
     4.0000
fval =
  -156.0000
```

习　题

1. 简要描述一维搜索算法中牛顿法的优点和缺点。

2. 本章介绍的一维搜索算法中，哪些需要用到原始函数的导函数，哪些不需要用到原始函数的导函数?

3. 选取一种一维搜索算法，采用 MATLAB（或 C 语言）编程求解如下一维优化问题（要求不使用 fminbnd 函数；建议采用 MATLAB 编程）:

$$\min\ f(x) = x^4 - 4x^3 - 6x^2 - 16x + 4$$

第 4 章

无约束非线性规划

4.1 引　　言

无约束非线性规划是约束非线性规划的一种特殊情况。无约束非线性规划是约束非线性规划的基础，其众多算法可以推广到有约束规划的情形。本章主要介绍无约束非线性规划的一些常用方法的原理、算法以及编程实现。

4.2 无约束非线性规划基础知识

无约束非线性规划是约束非线性规划的一个特殊情况，它只求目标函数 $f(\boldsymbol{x})$ 的极小值，而没有约束的限制，即

$$\min\ f(\boldsymbol{x}),\ \boldsymbol{x}=[x_1,x_2,\cdots,x_n]^{\mathrm{T}} \tag{4.1}$$

研究无约束非线性规划的意义如下：

（1）算法的阐述相对简单，而算法的基本思想可推广到有约束的情形；

（2）通过求解一系列无约束优化问题是解决优化问题的重要途径之一。

4.2.1 无约束非线性规划的充要条件

【定理 4.2.1】 无约束非线性规划最优性必要条件：对于单变量函数 $f(x)$，即一维极小值问题，假设函数是一阶连续可微的（即 $f(x)\in \mathbf{C}^1$），那么 x^* 是 $f(x)$ 的一个极小值点的必要条件是

$$f'(x^*)=0 \tag{4.2}$$

类似地，对于多元函数 $f(\boldsymbol{x})$，其中 $\boldsymbol{x}=[x_1,x_2,\cdots,x_n]^{\mathrm{T}}$，假设函数满足 $f(\boldsymbol{x})\in \mathbf{C}^1$，那么 $\boldsymbol{x}^*=[x_1^*,x_2^*,\cdots,x_n^*]^{\mathrm{T}}$ 是 $f(\boldsymbol{x})$ 的极小值点的必要条件是

$$\nabla f(\boldsymbol{x}^*)=\left.\frac{\partial f(\boldsymbol{x})}{\partial \boldsymbol{x}}\right|_{\boldsymbol{x}=\boldsymbol{x}^*}=\left.\left[\frac{\partial f(\boldsymbol{x})}{\partial x_1},\frac{\partial f(\boldsymbol{x})}{\partial x_2},\cdots,\frac{\partial f(\boldsymbol{x})}{\partial x_n}\right]^{\mathrm{T}}\right|_{\boldsymbol{x}=\boldsymbol{x}^*}=\mathbf{0} \tag{4.3}$$

【定理 4.2.2】 无约束非线性规划最优性充分条件：设 $f(\boldsymbol{x}) \in \mathbf{C}^2$，$\boldsymbol{x}^*$ 为它的一个稳定点（极值点），则 $\boldsymbol{x}^*$ 为 $f(\boldsymbol{x})$ 的一个极小值点的充分条件是 $f(\boldsymbol{x})$ 的黑塞矩阵 $\nabla^2 f(\boldsymbol{x})$ 为正定矩阵。

例 4.2.1 有一块很长的薄铁皮，宽 $b=24$ cm，把两边折起来做成一个槽形（图 4.1），求长度 x 和倾角 α，使梯形槽的横截面面积最大。

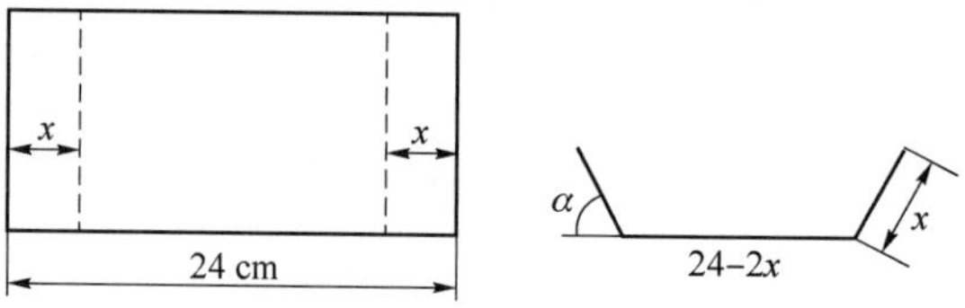

图 4.1 梯形槽示意图

解析 槽的梯形面积为

$$
\begin{aligned}
S &= (24 - 2x + x\cos\alpha) \cdot x \cdot \sin\alpha \\
&= 24x\sin\alpha - 2x^2\sin\alpha + x^2\sin\alpha \cdot \cos\alpha
\end{aligned}
$$

为了使函数 S 达到极大，依据极值的必要条件可得

$$
\begin{cases}
\dfrac{\partial S}{\partial x} = 24\sin\alpha - 4x\sin\alpha + 2x\sin\alpha\cos\alpha = 0 \\[2ex]
\dfrac{\partial S}{\partial \alpha} = 24x\cos\alpha - 2x^2\cos\alpha - x^2\sin^2\alpha + x^2\cos^2\alpha = 0
\end{cases}
$$

由此可解出：

$$
x = 8,\ \cos\alpha = \frac{1}{2}
$$

由上例可以发现，求函数 $f(\boldsymbol{x})$ 的极值问题可转化成求解如下问题：

$$
\nabla f(\boldsymbol{x}) = \mathbf{0} \tag{4.4}
$$

这一般是一个含有 n 个未知量和 n 个方程的方程组，并且一般是非线性的。然而，对于实际工程问题，采用这种方法求解极小值是比较困难的。这是因为：

（1）非线性方程组的求解也是困难的，甚至比求解无约束极值问题更难。

（2）工程问题中的目标函数 $f(\boldsymbol{x})$ 不是一个简单函数，求偏导数相当困难。

4.2.2 无约束非线性规划的求解思路

求函数 $f(\boldsymbol{x})$ 的极小值，最常用的算法是迭代法。迭代法的基本思路：在给出 $f(\boldsymbol{x})$ 极小值点的邻域上的一个初始估计点 $\boldsymbol{x}^{(0)}$，计算一系列新的 $\boldsymbol{x}^{(k)}$，$k=1,2,\cdots$，希望这些点系列 $\boldsymbol{x}^{(k)}$ 的极限 $\boldsymbol{x}$ 达到 $f(\boldsymbol{x})$ 的极小值点 $\boldsymbol{x}^*$，如图 4.2 所示。

在迭代过程中，任意两个迭代点 $\boldsymbol{x}^{(k+1)}$ 和 $\boldsymbol{x}^{(k)}$ 之差是一个向量。该向量由其方向和大小确定，即

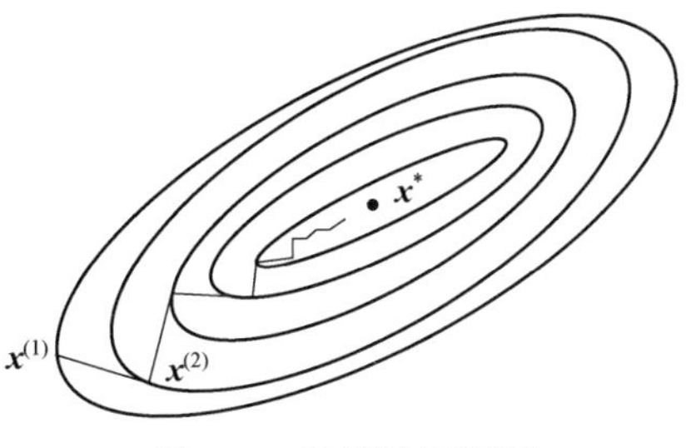

图 4.2　迭代法示意图

$$\boldsymbol{x}^{(k+1)} - \boldsymbol{x}^{(k)} = \lambda_k \cdot \boldsymbol{d}^{(k)} \tag{4.5}$$

或写为

$$\boldsymbol{x}^{(k+1)} = \boldsymbol{x}^{(k)} + \lambda_k \cdot \boldsymbol{d}^{(k)} \tag{4.6}$$

这样，迭代法求解极小值的过程就分解为求解搜索方向 $\boldsymbol{d}^{(k)}$ 和步长 λ_k 的过程。其中，求解 λ_k 是一维搜索问题，在上一章已经介绍，本章主要介绍 $\boldsymbol{d}^{(k)}$ 的求解方法。

4.3　最速下降法

最速下降法又称梯度法，由法国数学家柯西于 1847 年提出，其基本思想是选择一个目标函数值下降最快的方向，以利于尽快达到极小值点。

4.3.1　最速下降方向

函数 $f(\boldsymbol{x})$ 在点 $\boldsymbol{x}$ 处沿方向 $\boldsymbol{d}$ 的变化率可用方向导数来表达。对于可微函数，方向导数等于梯度与方向的内积，即

$$\mathrm{D}f(\boldsymbol{x};\boldsymbol{d}) = \frac{\partial f(\boldsymbol{x};\boldsymbol{d})}{\partial d} = [\nabla f(\boldsymbol{x})]^{\mathrm{T}}\boldsymbol{d} \tag{4.7}$$

式中，$\|\boldsymbol{d}\| = 1$。

根据施瓦茨不等式（Schwarz inequality，即 $\|\boldsymbol{a}^{\mathrm{T}}\boldsymbol{b}\| \leqslant \|\boldsymbol{a}\| \cdot \|\boldsymbol{b}\|$）可知

$$-\|\nabla f(\boldsymbol{x})\| \leqslant [\nabla f(\boldsymbol{x})]^{\mathrm{T}}\boldsymbol{d} \leqslant \|\nabla f(\boldsymbol{x})\| \tag{4.8}$$

并且当

$$\boldsymbol{d} = -\frac{\nabla f(\boldsymbol{x})}{\|\nabla f(\boldsymbol{x})\|} \tag{4.9}$$

时等式成立，即负梯度方向为最速下降方向。

4.3.2　最速下降法的流程

最速下降法的计算流程如下：

第 1 步，给定初点 $\boldsymbol{x}^{(1)} \in \mathbf{R}^n$，允许误差 $\varepsilon > 0$，置 $k = 1$；

第 2 步，计算负梯度搜索方向 $\boldsymbol{d}^{(k)}=-\nabla f(\boldsymbol{x}^{(k)})$；

第 3 步，若 $\|\boldsymbol{d}^{(k)}\|\leqslant\varepsilon$，则停止计算；否则，从 $\boldsymbol{x}^{(k)}$ 出发，沿方向 $\boldsymbol{d}^{(k)}$ 进行一维搜索，求解最优 λ_k，使得

$$f(\boldsymbol{x}^{(k)}+\lambda_k\boldsymbol{d}^{(k)})=\min_{\lambda\geqslant 0} f(\boldsymbol{x}^{(k)}+\lambda_k\boldsymbol{d}^{(k)})$$

第 4 步，令 $\boldsymbol{x}^{(k+1)}=\boldsymbol{x}^{(k)}+\lambda_k\boldsymbol{d}^{(k)}$，置 $k=k+1$，转至第 2 步。

4.3.3 最速下降法的缺点

如图 4.3 所示，最速下降法的收敛路径呈锯齿状，收敛速度比较慢，通常需要比较多的迭代次数也只能逼近理论最优解。最速下降法的收敛路径之所以呈锯齿状，有其内在原因，这里对此进行分析。

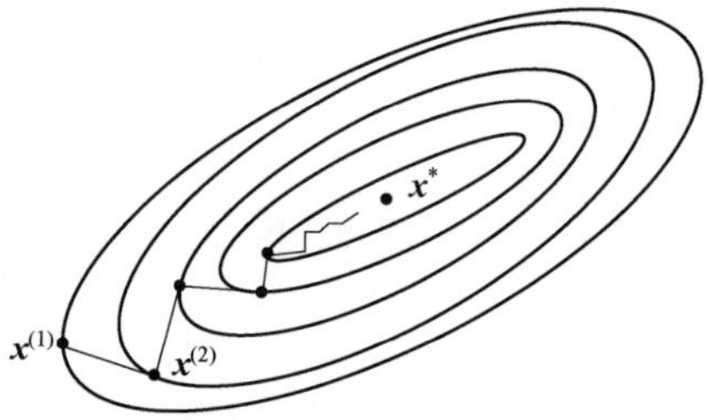

图 4.3 最速下降法的收敛路径示例

根据一维搜索的最优性必要条件可知

$$\left.\frac{\mathrm{d}}{\mathrm{d}\lambda}f(\boldsymbol{x}^{(k)}+\lambda\boldsymbol{d}^{(k)})\right|_{\lambda_k}=0 \tag{4.10}$$

将左边求导展开，可得

$$[\nabla f(\boldsymbol{x}^{(k)}+\lambda\boldsymbol{d}^{(k)})]^{\mathrm{T}}\cdot\boldsymbol{d}^{(k)}=0 \tag{4.11}$$

由于 $\boldsymbol{x}^{(k+1)}=\boldsymbol{x}^{(k)}+\lambda\boldsymbol{d}^{(k)}$，因而式（4.11）等价于下式：

$$[\nabla f(\boldsymbol{x}^{(k+1)})]^{\mathrm{T}}\cdot\boldsymbol{d}^{(k)}=0 \tag{4.12}$$

由于 $\boldsymbol{d}^{(k+1)}=-[\nabla f(\boldsymbol{x}^{(k+1)})]^{\mathrm{T}}$，根据式（4.12）可得

$$[\boldsymbol{d}^{(k+1)}]^{\mathrm{T}}\cdot\boldsymbol{d}^{(k)}=0 \tag{4.13}$$

可见，最速下降法任意两个相邻迭代点处的搜索方向始终相互垂直，因而收敛路径始终呈锯齿状。在实际求解过程中，一维搜索不一定准确达到最优解，即式（4.13）不是严格成立，因此实际收敛路径可能不是严格正交的。

例 4.3.1 用最速下降法解如下问题：

$$\min\ f(\boldsymbol{x})=2x_1^2+x_2^2$$

取初始点 $\boldsymbol{x}^{(1)}=[1,1]^{\mathrm{T}}$，精度参数 $\varepsilon=\dfrac{1}{10}$。

解析　第 1 次迭代。目标函数 $f(\boldsymbol{x})$ 在点 $\boldsymbol{x}$ 处的梯度为

$$\nabla f(\boldsymbol{x}) = [4x_1, 2x_2]^{\mathrm{T}}$$

搜索方向为

$$\boldsymbol{d}^{(1)} = -\nabla f(\boldsymbol{x}) = [-4, -2]^{\mathrm{T}}$$

$$\|\boldsymbol{d}^{(1)}\| = \sqrt{4^2 + 2^2} = 2\sqrt{5} > \frac{1}{10}$$

从 $\boldsymbol{x}^{(1)} = [1,1]^{\mathrm{T}}$ 出发，沿方向 $\boldsymbol{d}^{(1)}$ 进行一维搜索，求步长 λ_1，即

$$\min_{\lambda \geqslant 0} \varphi(\lambda) = f(\boldsymbol{x}^{(1)} + \lambda \boldsymbol{d}^{(1)})$$

式中，$\boldsymbol{x}^{(1)} + \lambda \boldsymbol{d}^{(1)} = [1,1]^{\mathrm{T}} + \lambda[-4, -2]^{\mathrm{T}} = [1-4\lambda, 1-2\lambda]^{\mathrm{T}}$。将其代入上式，得到

$$\min_{\lambda \geqslant 0} \varphi(\lambda) = 2(1-4\lambda)^2 + (1-2\lambda)^2$$

令

$$\varphi'(\lambda) = -16(1-4\lambda) - 4(1-2\lambda) = 0$$

解得

$$\lambda_1 = \frac{5}{18}$$

在 $\boldsymbol{d}^{(1)}$ 方向的极小值点为

$$\boldsymbol{x}^{(2)} = \boldsymbol{x}^{(1)} + \lambda_1 \boldsymbol{d}^{(1)} = \left[-\frac{1}{9}, \frac{4}{9}\right]^{\mathrm{T}}$$

第 2 次迭代。目标函数 $f(\boldsymbol{x})$ 在点 $\boldsymbol{x}^{(2)}$ 处的搜索方向为

$$\boldsymbol{d}^{(2)} = -\nabla f(\boldsymbol{x}^{(2)}) = \left[\frac{4}{9}, -\frac{8}{9}\right]^{\mathrm{T}}$$

$$\|\boldsymbol{d}^{(2)}\| = \sqrt{\left(\frac{4}{9}\right)^2 + \left(-\frac{8}{9}\right)^2} = \frac{4}{\sqrt{5}} > \frac{1}{10}$$

从 $\boldsymbol{x}^{(2)}$ 出发，沿方向 $\boldsymbol{d}^{(2)}$ 进行一维搜索，求步长 λ_2，即

$$\min_{\lambda \geqslant 0} \varphi(\lambda) = f(\boldsymbol{x}^{(2)} + \lambda \boldsymbol{d}^{(2)})$$

$$\boldsymbol{x}^{(2)} + \lambda \boldsymbol{d}^{(2)} = \left[-\frac{1}{9}, \frac{4}{9}\right]^{\mathrm{T}} + \lambda \left[\frac{4}{9}, -\frac{8}{9}\right]^{\mathrm{T}}$$

$$= \left[-\frac{1}{9} + \frac{4\lambda}{9}, \frac{4}{9} - \frac{8\lambda}{9}\right]^{\mathrm{T}}$$

$$\varphi(\lambda) = \frac{2}{81}(-1+4\lambda)^2 + \frac{16}{81}(1-2\lambda)^2$$

令

$$\varphi'(\lambda) = \frac{16}{81}(-1+4\lambda) - \frac{64}{81}(1-2\lambda) = 0$$

解得

$$\lambda_2 = \frac{5}{12}$$

在 $\boldsymbol{d}^{(2)}$ 方向的极小值点为

$$\boldsymbol{x}^{(3)} = \boldsymbol{x}^{(2)} + \lambda_2 \boldsymbol{d}^{(2)} = \left[\frac{2}{27}, \frac{2}{27}\right]^{\mathrm{T}}$$

第 3 次迭代。目标函数 $f(\boldsymbol{x})$ 在点 $\boldsymbol{x}^{(3)}$ 处的搜索方向为

$$\boldsymbol{d}^{(3)} = -\nabla f(\boldsymbol{x}^{(3)}) = \left[-\frac{8}{27}, -\frac{4}{27}\right]^{\mathrm{T}}$$

$$\|\boldsymbol{d}^{(2)}\| = \frac{4\sqrt{5}}{27} > \frac{1}{10}$$

从 $\boldsymbol{x}^{(3)}$ 出发，沿方向 $\boldsymbol{d}^{(3)}$ 进行一维搜索，求步长 λ_3：

$$\min_{\lambda \geqslant 0} \varphi(\lambda) = f(\boldsymbol{x}^{(3)} + \lambda \boldsymbol{d}^{(3)})$$

$$\boldsymbol{x}^{(3)} + \lambda \boldsymbol{d}^{(3)} = \left[\frac{2}{27} - \frac{8\lambda}{27}, \frac{2}{27} - \frac{4\lambda}{27}\right]^{\mathrm{T}}$$

$$\varphi(\lambda) = \frac{2}{27^2}(1 - 4\lambda)^2 + \frac{4}{27^2}(1 - 2\lambda)^2$$

令

$$\varphi'(\lambda) = 0$$

解得

$$\lambda_3 = \frac{5}{18}$$

在 $\boldsymbol{d}^{(3)}$ 方向的极小值点为

$$\boldsymbol{x}^{(4)} = \boldsymbol{x}^{(3)} + \lambda_3 \boldsymbol{d}^{(3)} = \left[-\frac{2}{243}, \frac{8}{243}\right]^{\mathrm{T}}$$

此时，目标函数 $f(\boldsymbol{x})$ 在点 $\boldsymbol{x}^{(4)}$ 处的梯度为

$$\|\nabla f(\boldsymbol{x}^{(4)})\| = \frac{8\sqrt{5}}{243} < \frac{1}{10}$$

其满足精度要求，从而得到近似最优解为

$$\bar{\boldsymbol{x}} \approx \boldsymbol{x}^{(4)} = \left[-\frac{2}{243}, \frac{8}{243}\right]^{\mathrm{T}}$$

$$f(\bar{\boldsymbol{x}}) = \frac{72}{243^2}$$

4.4 牛 顿 法

4.4.1 原始牛顿法

设$f(\boldsymbol{x})$是二次可微实函数，$\boldsymbol{x}\in\mathbf{R}^n$，$\boldsymbol{x}^{(k)}$是$f(\boldsymbol{x})$的极小值点的一个估计，把$f(\boldsymbol{x})$在$\boldsymbol{x}^{(k)}$展开成泰勒级数，并取二阶近似

$$
\begin{aligned}
f(\boldsymbol{x}) &\approx \phi(\boldsymbol{x}) \\
&= f(\boldsymbol{x}^{(k)}) + \nabla f(\boldsymbol{x}^{(k)})^{\mathrm{T}}(\boldsymbol{x}-\boldsymbol{x}^{(k)}) + \\
&\quad \frac{1}{2}(\boldsymbol{x}-\boldsymbol{x}^{(k)})^{\mathrm{T}}\,\nabla^2 f(\boldsymbol{x}^{(k)})(\boldsymbol{x}-\boldsymbol{x}^{(k)})
\end{aligned}
\tag{4.14}
$$

式中，$\nabla^2 f(\boldsymbol{x}^{(k)})$是$f(\boldsymbol{x})$在点$\boldsymbol{x}^{(k)}$处的黑塞矩阵。

为求$\phi(\boldsymbol{x})$的平稳点，令

$$
\nabla\phi(\boldsymbol{x}) = \nabla f(\boldsymbol{x}^{(k)}) + \nabla^2 f(\boldsymbol{x}^{(k)})(\boldsymbol{x}-\boldsymbol{x}^{(k)}) = \boldsymbol{0} \tag{4.15}
$$

设$\nabla^2 f(\boldsymbol{x}^{(k)})$可逆，由上式可得到原始牛顿法（简称“牛顿法”）的迭代公式：

$$
\boldsymbol{x}^{(k+1)} = \boldsymbol{x}^{(k)} - [\nabla^2 f(\boldsymbol{x}^{(k)})]^{-1}\,\nabla f(\boldsymbol{x}^{(k)}) \tag{4.16}
$$

原始牛顿法具有以下特性：

（1）当牛顿法收敛时，至少 2 阶收敛，即

$$
\|\boldsymbol{x}^{(k+1)} - \bar{\boldsymbol{x}}\| \leqslant c\,\|\boldsymbol{x}^{(k)} - \bar{\boldsymbol{x}}\|^2
$$

（2）对于二次凸函数，牛顿法经过 1 次迭代即达极小值点。

对收敛速度的证明比较复杂，在此省略。对于特性（2），下面给出简要证明。

证明　设有二次凸函数如下：

$$
f(\boldsymbol{x}) = \frac{1}{2}\boldsymbol{x}^{\mathrm{T}}\boldsymbol{A}\boldsymbol{x} + \boldsymbol{b}^{\mathrm{T}}\boldsymbol{x} + c
$$

首先，采用极值条件求解。令

$$
\nabla f(\boldsymbol{x}) = \boldsymbol{A}\boldsymbol{x} + \boldsymbol{b} = \boldsymbol{0}
$$

解出最优解

$$
\bar{\boldsymbol{x}} = -\boldsymbol{A}^{-1}\boldsymbol{b}
$$

采用牛顿法求解，任取初始点$\boldsymbol{x}^{(1)}$，根据牛顿法的迭代公式可得

$$
\boldsymbol{x}^{(2)} = \boldsymbol{x}^{(1)} - \boldsymbol{A}^{-1}\,\nabla f(\boldsymbol{x}^{(1)}) = \boldsymbol{x}^{(1)} - \boldsymbol{A}^{-1}(\boldsymbol{A}\boldsymbol{x}^{(1)} + \boldsymbol{b}) = -\boldsymbol{A}^{-1}\boldsymbol{b}
$$

显然，$\boldsymbol{x}^{(2)}=\bar{\boldsymbol{x}}$，即 1 次迭代达到极小值点。

这种经过有限次迭代即可达到准确最优解的特性称为二次终止性。

4.4.2 阻尼牛顿法

当初始点远离极小值点时，原始牛顿法可能不收敛。这是因为：

(1) 牛顿方向 $\boldsymbol{d}^{(k)}=-[\nabla^2 f(\boldsymbol{x}^{(k)})]^{-1}\nabla f(\boldsymbol{x}^{(k)})$ 不一定是下降方向;

(2) 即使是下降方向，得到的点 $\boldsymbol{x}^{(k+1)}$ 也不一定是沿牛顿方向的极小值点。

阻尼牛顿法与原始牛顿法的区别在于增加了沿牛顿方向的一维搜索:

$$\boldsymbol{x}^{(k+1)}=\boldsymbol{x}^{(k)}+\lambda_k \boldsymbol{d}^{(k)} \tag{4.17}$$

式中，$\boldsymbol{d}^{(k)}=-[\nabla^2 f(\boldsymbol{x}^{(k)})]^{-1}\nabla f(\boldsymbol{x}^{(k)})$ 为牛顿方向，λ_k 由一维搜索得到，即

$$f(\boldsymbol{x}^{(k)}+\lambda_k \boldsymbol{d}^{(k)})=\min_{\lambda} f(\boldsymbol{x}^{(k)}+\lambda \boldsymbol{d}^{(k)}) \tag{4.18}$$

4.4.3 牛顿法的进一步修正

牛顿法和阻尼牛顿法虽然不同，但有共同的缺点:

(1) 如果黑塞矩阵$\nabla^2 f(\boldsymbol{x}^{(k)})$奇异，就不能确定后继点。

(2) 即使$\nabla^2 f(\boldsymbol{x}^{(k)})$非奇异，也未必正定，因而牛顿方向可能不是下降方向，牛顿法和阻尼牛顿法可能会导致算法失效。

例 4.4.1 用阻尼牛顿法求解下列问题:

$$\min\ f(\boldsymbol{x})=x_1^4+x_1x_2+(1+x_2)^2$$

解析 取初始点 $\boldsymbol{x}^{(1)}=[0,\ 0]^{\mathrm{T}}$。在点 $\boldsymbol{x}^{(1)}$处，函数的梯度和黑塞矩阵分别为

$$\nabla f(\boldsymbol{x}^{(1)})=\begin{bmatrix}0\\2\end{bmatrix},\quad \nabla^2 f(\boldsymbol{x}^{(1)})=\begin{bmatrix}0&1\\1&2\end{bmatrix}$$

牛顿方向为

$$\boldsymbol{d}^{(1)}=-[\nabla^2 f(\boldsymbol{x}^{(1)})]^{-1}\nabla f(\boldsymbol{x}^{(1)})=-\begin{bmatrix}0&1\\1&2\end{bmatrix}^{-1}\begin{bmatrix}0\\2\end{bmatrix}=\begin{bmatrix}-2\\0\end{bmatrix}$$

从 $\boldsymbol{x}^{(1)}$出发，沿 $\boldsymbol{d}^{(1)}$作一维搜索:

$$\varphi(\lambda)=f(\boldsymbol{x}^{(1)}+\lambda \boldsymbol{d}^{(1)})=14\lambda^4+1$$

由必要条件可得

$$\varphi'(\lambda)=64\lambda^3=0$$

从而可以解得

$$\lambda=0$$

显然，阻尼牛顿法在这种情况下不能产生新的迭代点。图 4.4 给出了这种情况下的几何解释。可见，牛顿方向 $\boldsymbol{d}^{(1)}$对于初始点 $\boldsymbol{x}^{(1)}$而言，既不是下降方向，也不是上升方向。发生这种现象的根本原因是黑塞矩阵非正定。

记搜索方向 $\boldsymbol{d}^{(k)}=\boldsymbol{x}-\boldsymbol{x}^{(k)}$，那么阻尼牛顿法的搜索方向是如下方程的解:

$$\nabla f(\boldsymbol{x}^{(k)})+\nabla^2 f(\boldsymbol{x}^{(k)})\boldsymbol{d}^{(k)}=\boldsymbol{0} \tag{4.19}$$

假设黑塞矩阵的逆矩阵存在，那么可以解得

$$\boldsymbol{d}^{(k)}=-[\nabla^2 f(\boldsymbol{x}^{(k)})]^{-1}\nabla f(\boldsymbol{x}^{(k)}) \tag{4.20}$$

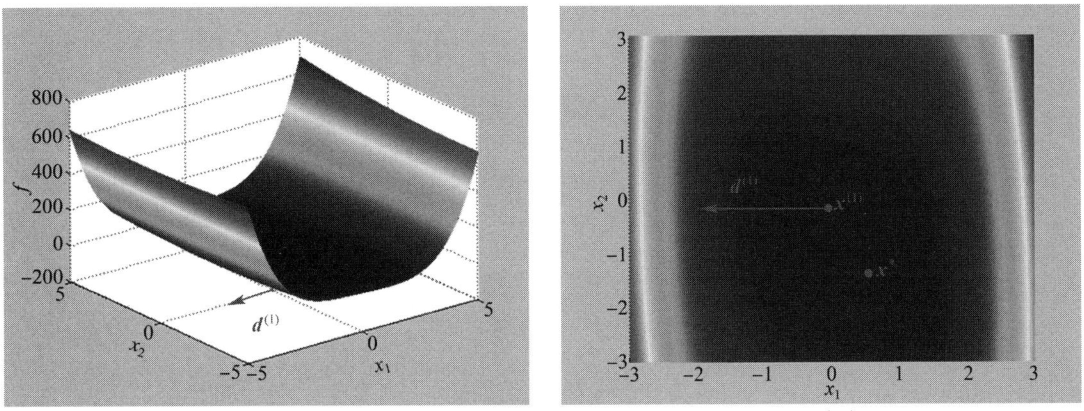

(a)　　　　　　　　　　　　　　　　(b)

图 4.4　阻尼牛顿法不能产生新点的几何解释（附彩图）

解决黑塞矩阵 $\nabla^2 f(\boldsymbol{x}^{(k)})$ 非正定问题的基本思想是修正 $\nabla^2 f(\boldsymbol{x}^{(k)})$，构造一个对称正定矩阵 $\boldsymbol{G}_k$，用 $\boldsymbol{G}_k$ 取代矩阵 $\nabla^2 f(\boldsymbol{x}^{(k)})$，从而得到如下方程：

$$\nabla f(\boldsymbol{x}^{(k)}) + \boldsymbol{G}_k \boldsymbol{d}^{(k)} = \boldsymbol{0} \tag{4.21}$$

解此方程，得到在点 $\boldsymbol{x}^{(k)}$ 处的下降方向并进行一维搜索：

$$\boldsymbol{d}^{(k)} = -[\boldsymbol{G}^{(k)}]^{-1} \cdot \nabla f(\boldsymbol{x}^{(k)}) \tag{4.22}$$

构造矩阵 $\boldsymbol{G}_k$ 的方法之一是令

$$\boldsymbol{G}^{(k)} = \nabla^2 f(\boldsymbol{x}^{(k)}) + \varepsilon_k \boldsymbol{I} \tag{4.23}$$

式中，$\boldsymbol{I}$ 为单位矩阵。

为了判断 $\boldsymbol{G}_k$ 的正定性，需要引入以下线性代数知识。

【定义 4.4.1】 设 $f(\lambda)$ 是 λ 的多项式

$$f(\lambda) = a_s \lambda^s + a_{s-1}\lambda^{s-1} + \cdots + a_1 \lambda + a_0 \tag{4.24}$$

对于 $\boldsymbol{A} \in \mathbf{C}^{n\times n}$，定义

$$f(\boldsymbol{A}) = a_s \boldsymbol{A}^s + a_{s-1}\boldsymbol{A}^{s-1} + \cdots + a_1 \boldsymbol{A} + a_0 \boldsymbol{I} \tag{4.25}$$

称 $f(\boldsymbol{A})$ 为矩阵 $\boldsymbol{A}$ 的多项式。

【定理 4.4.1】 设 $\boldsymbol{A} \in \mathbf{C}^{n\times n}$，$\boldsymbol{A}$ 的 n 个特征值为 $\lambda_1, \lambda_2, \cdots, \lambda_n$，对应的特征向量为 $\boldsymbol{x}_1, \boldsymbol{x}_2, \cdots, \boldsymbol{x}_n$，则 $f(\boldsymbol{A})$ 的特征值为 $f(\lambda_1), f(\lambda_2), \cdots, f(\lambda_n)$，对应的特征向量仍为 $\boldsymbol{x}_1, \boldsymbol{x}_2, \cdots, \boldsymbol{x}_n$。

根据定义 4.4.1，矩阵 $\boldsymbol{G}_k$ 是矩阵 $\nabla^2 f(\boldsymbol{x}^{(k)})$ 的多项式，即

$$\boldsymbol{G}_k = g[\nabla^2 f(\boldsymbol{x}^{(k)})] = \nabla^2 f(\boldsymbol{x}^{(k)}) + \varepsilon_k \boldsymbol{I} \tag{4.26}$$

因此，如果 λ_i 是 $\nabla^2 f(\boldsymbol{x}^{(k)})$ 的特征值，那么 $g(\lambda_i) = \lambda_i + \varepsilon_k$ 就是 $\boldsymbol{G}_k$ 的特征值。

可见，只要特征值 $\lambda_i + \varepsilon_k$ 全部大于 0，那么矩阵 $\boldsymbol{G}_k$ 便为正定矩阵。

例 4.4.2 用修正牛顿法求解下列问题（例 4.4.1，初始点取 $\boldsymbol{x}^{(1)}=[0, 0]^{\mathrm{T}}$）：

$$\min f(\boldsymbol{x})=x_1^4+x_1x_2+(1+x_2)^2$$

解析 在点 $\boldsymbol{x}^{(1)}$ 处，函数的梯度和黑塞矩阵分别为

$$\nabla f(\boldsymbol{x}^{(1)})=\begin{bmatrix}0\\2\end{bmatrix},\quad \nabla^2 f(\boldsymbol{x}^{(1)})=\begin{bmatrix}0&1\\1&2\end{bmatrix}$$

构造如下对称正定矩阵：

$$\boldsymbol{G}^{(1)}=\nabla^2 f(\boldsymbol{x}^{(1)})+\varepsilon_1\boldsymbol{I}=\begin{bmatrix}1&1\\1&3\end{bmatrix}$$

解出修正的牛顿方向为

$$\begin{aligned}\boldsymbol{d}^{(1)}&=-[\boldsymbol{G}^{(1)}]^{-1}\nabla f(\boldsymbol{x}^{(1)})\\&=-\begin{bmatrix}1&1\\1&3\end{bmatrix}^{-1}\begin{bmatrix}0\\2\end{bmatrix}=\begin{bmatrix}1\\-1\end{bmatrix}\end{aligned}$$

从 $\boldsymbol{x}^{(1)}$ 出发，沿 $\boldsymbol{d}^{(1)}$ 作一维搜索：

$$\varphi(\lambda)=f(\boldsymbol{x}^{(1)}+\lambda\boldsymbol{d}^{(1)})=\lambda^4-2\lambda+1$$

根据必要条件

$$\varphi'(\lambda)=4\lambda^3-2=0$$

可解得

$$\lambda_1=\sqrt[3]{\frac{1}{2}}=0.7937$$

$$\boldsymbol{x}^{(2)}=\boldsymbol{x}^{(1)}+\lambda_1\boldsymbol{d}^{(1)}=[0.7937,-0.7937]^{\mathrm{T}}$$

第 2 次迭代，得到

$$\lambda_2=1.4$$

$$\boldsymbol{x}^{(3)}=[0.7083,\ -1.3541]^{\mathrm{T}}$$

经过多次迭代，可得到最优解：

$$\boldsymbol{x}^*=[0.6959,\ -1.3479]^{\mathrm{T}}$$

$$f(\boldsymbol{x}^*)=-0.5824$$

4.5 拟牛顿法

牛顿法虽然具有很快的收敛速度，但是其需要计算二阶偏导数矩阵（即黑塞矩阵），而且黑塞矩阵可能非正定。

拟牛顿法的基本思想是采用不包含二阶导数的矩阵近似牛顿法中黑塞矩阵的逆矩阵，即近似下列牛顿迭代格式中的$[\nabla^2 f(\boldsymbol{x}^{(k)})]^{-1}$：

$$\boldsymbol{d}^{(k)}=-[\nabla^2 f(\boldsymbol{x}^{(k)})]^{-1}\cdot\nabla f(\boldsymbol{x}^{(k)}) \tag{4.27}$$

4.5.1　拟牛顿条件

为了构造黑塞矩阵的逆矩阵$[\nabla^2 f(\boldsymbol{x}^{(k)})]^{-1}$的近似矩阵$\boldsymbol{H}_k$，首先分析$[\nabla^2 f(\boldsymbol{x}^{(k)})]^{-1}$与一阶导数之间的关系。假设经过第 k 次迭代得到迭代点 $\boldsymbol{x}^{(k+1)}$，将$f(\boldsymbol{x})$在迭代点 $\boldsymbol{x}^{(k+1)}$ 处展成泰勒级数，并取二阶近似：

$$f(\boldsymbol{x})\approx f(\boldsymbol{x}^{(k+1)})+\nabla f(\boldsymbol{x}^{(k+1)})^{\mathrm{T}}(\boldsymbol{x}-\boldsymbol{x}^{(k+1)})+\frac{1}{2}(\boldsymbol{x}-\boldsymbol{x}^{(k+1)})^{\mathrm{T}}\nabla^2 f(\boldsymbol{x}^{(k+1)})(\boldsymbol{x}-\boldsymbol{x}^{(k+1)}) \tag{4.28}$$

由此可知，在 $\boldsymbol{x}^{(k+1)}$ 附近二阶近似表达式的一阶导数（梯度）为

$$\nabla f(\boldsymbol{x})\approx\nabla f(\boldsymbol{x}^{(k+1)})+\nabla^2 f(\boldsymbol{x}^{(k+1)})(\boldsymbol{x}-\boldsymbol{x}^{(k+1)}) \tag{4.29}$$

令 $\boldsymbol{x}=\boldsymbol{x}^{(k)}$，可得

$$\nabla f(\boldsymbol{x}^{(k)})\approx\nabla f(\boldsymbol{x}^{(k+1)})+\nabla^2 f(\boldsymbol{x}^{(k+1)})(\boldsymbol{x}^{(k)}-\boldsymbol{x}^{(k+1)}) \tag{4.30}$$

记

$$\boldsymbol{p}^{(k)}=\boldsymbol{x}^{(k+1)}-\boldsymbol{x}^{(k)},\ \boldsymbol{q}^{(k)}=\nabla f(\boldsymbol{x}^{(k+1)})-\nabla f(\boldsymbol{x}^{(k)}) \tag{4.31}$$

则方程可写成如下形式：

$$\boldsymbol{q}^{(k)}\approx\nabla^2 f(\boldsymbol{x}^{(k+1)})\boldsymbol{p}^{(k)} \tag{4.32}$$

假设黑塞矩阵$\nabla^2 f(\boldsymbol{x}^{(k)})$可逆，则

$$\boldsymbol{p}^{(k)}\approx[\nabla^2 f(\boldsymbol{x}^{(k+1)})]^{-1}\boldsymbol{q}^{(k)} \tag{4.33}$$

这样，计算出$\boldsymbol{p}^{(k)}$和$\boldsymbol{q}^{(k)}$后，可以根据式（4.33）估计$[\nabla^2 f(\boldsymbol{x}^{(k+1)})]^{-1}$。因此，如果采用不包含二阶导数的矩阵 $\boldsymbol{H}_{k+1}$ 取代$[\nabla^2 f(\boldsymbol{x}^{(k+1)})]^{-1}$，那么 $\boldsymbol{H}_{k+1}$ 需要满足下式：

$$\boldsymbol{p}^{(k)}=\boldsymbol{H}_{k+1}\boldsymbol{q}^{(k)} \tag{4.34}$$

式（4.34）称为拟牛顿条件。

构造近似矩阵 $\boldsymbol{H}_k$ 的一般策略：$\boldsymbol{H}_1$ 取为任意一个 n 阶对称正定矩阵，通常选择为单位矩阵 $\boldsymbol{I}$，然后通过修正 $\boldsymbol{H}_k$ 得到 $\boldsymbol{H}_{k+1}$，令

$$\boldsymbol{H}_{k+1}=\boldsymbol{H}_k+\Delta\boldsymbol{H}_k \tag{4.35}$$

4.5.2　DFP 算法

DFP 算法由美国数学家 Davidon 提出，经英国数学家 Fletcher 和 Powell 改进，公式如下：

$$\boldsymbol{H}_{k+1}^{\mathrm{DFP}}=\boldsymbol{H}_k+\frac{\boldsymbol{p}^{(k)}\boldsymbol{p}^{(k)\mathrm{T}}}{\boldsymbol{p}^{(k)\mathrm{T}}\boldsymbol{q}^{(k)}}-\frac{\boldsymbol{H}_k\boldsymbol{q}^{(k)}\boldsymbol{q}^{(k)\mathrm{T}}\boldsymbol{H}_k}{\boldsymbol{q}^{(k)\mathrm{T}}\boldsymbol{H}_k\boldsymbol{q}^{(k)}} \tag{4.36}$$

式中，$\boldsymbol{p}^{(k)}=\boldsymbol{x}^{(k+1)}-\boldsymbol{x}^{(k)}$；$\boldsymbol{q}^{(k)}=\boldsymbol{g}_{k+1}-\boldsymbol{g}_k$；$\boldsymbol{g}_k=\nabla f(\boldsymbol{x}^{(k)})$；$\boldsymbol{H}_1=\boldsymbol{I}_n$。其搜索方向为

$$\boldsymbol{d}^{(k)}=-\boldsymbol{H}_k\boldsymbol{g}_k \tag{4.37}$$

DFP 算法构造的矩阵$\boldsymbol{H}_{k+1}^{DFP}$ 满足拟牛顿条件：

(1) 满足对称性，分析如下：

$$
\begin{aligned}
[\boldsymbol{H}_{k+1}^{DFP}]^{T} &= [\boldsymbol{H}_k]^{T} + \left[\frac{\boldsymbol{p}^{(k)}\boldsymbol{p}^{(k)T}}{\boldsymbol{p}^{(k)T}\boldsymbol{q}^{(k)}}\right]^{T} - \left[\frac{\boldsymbol{H}_k\boldsymbol{q}^{(k)}\boldsymbol{q}^{(k)T}\boldsymbol{H}_k}{\boldsymbol{q}^{(k)T}\boldsymbol{H}_k\boldsymbol{q}^{(k)}}\right]^{T} \\
&= [\boldsymbol{H}_k]^{T} + \frac{[\boldsymbol{p}^{(k)}\boldsymbol{p}^{(k)T}]^{T}}{\boldsymbol{p}^{(k)T}\boldsymbol{q}^{(k)}} - \left[\frac{\boldsymbol{H}_k\boldsymbol{q}^{(k)}\boldsymbol{q}^{(k)T}\boldsymbol{H}_k}{\boldsymbol{q}^{(k)T}\boldsymbol{H}_k\boldsymbol{q}^{(k)}}\right]^{T} \\
&= [\boldsymbol{H}_k]^{T} + \frac{\boldsymbol{p}^{(k)}\boldsymbol{p}^{(k)T}}{\boldsymbol{p}^{(k)T}\boldsymbol{q}^{(k)}} - \frac{[\boldsymbol{H}_k]^{T}\boldsymbol{q}^{(k)}\boldsymbol{q}^{(k)T}[\boldsymbol{H}_k]^{T}}{\boldsymbol{q}^{(k)T}\boldsymbol{H}_k\boldsymbol{q}^{(k)}} \\
&= \boldsymbol{H}_{k+1}^{DFP}
\end{aligned}
$$

(2) 满足拟牛顿条件（式 (4.34)），分析如下：

$$
\begin{aligned}
\boldsymbol{H}_{k+1}^{DFP}\boldsymbol{q}^{(k)} &= \boldsymbol{H}_k\boldsymbol{q}^{(k)} + \frac{\boldsymbol{p}^{(k)}\boldsymbol{p}^{(k)T}}{\boldsymbol{p}^{(k)T}\boldsymbol{q}^{(k)}}\boldsymbol{q}^{(k)} - \frac{\boldsymbol{H}_k\boldsymbol{q}^{(k)}\boldsymbol{q}^{(k)T}\boldsymbol{H}_k}{\boldsymbol{q}^{(k)T}\boldsymbol{H}_k\boldsymbol{q}^{(k)}}\boldsymbol{q}^{(k)} \\
&= \boldsymbol{H}_k\boldsymbol{q}^{(k)} + \boldsymbol{p}^{(k)} - \boldsymbol{H}_k\boldsymbol{q}^{(k)} \\
&= \boldsymbol{p}^{(k)}
\end{aligned}
$$

【定理 4.5.1】 DFP 算法的正定性及二次终止性：

(1) 若 $\boldsymbol{g}_k \neq 0$ $(k=1,2,\cdots,n)$，则 DFP 方法构造的矩阵 $\boldsymbol{H}_{k+1}$ 为对称正定矩阵。

(2) 若目标函数是正定二次函数，则 DFP 方法经有限步迭代必达极小值点。

4.5.3 BFGS 算法及 Broyden 族

BFGS 算法由英国数学家 Broyden 和 Fletcher，以及美国数学家 Goldfarb 和 Shanno 共同提出，它可以像 DFP 一样使用，而且数值计算经验表明，其性能通常优于 DFP 算法。其公式如下：

$$
\boldsymbol{H}_{k+1}^{BFGS} = \boldsymbol{H}_k + \left(1 + \frac{\boldsymbol{q}^{(k)T}\boldsymbol{H}_k\boldsymbol{q}^{(k)}}{\boldsymbol{p}^{(k)T}\boldsymbol{q}^{(k)}}\right)\frac{\boldsymbol{p}^{(k)}\boldsymbol{p}^{(k)T}}{\boldsymbol{p}^{(k)T}\boldsymbol{q}^{(k)}} - \frac{\boldsymbol{p}^{(k)}\boldsymbol{q}^{(k)T}\boldsymbol{H}_k + \boldsymbol{H}_k\boldsymbol{q}^{(k)}\boldsymbol{p}^{(k)T}}{\boldsymbol{p}^{(k)T}\boldsymbol{q}^{(k)}} \tag{4.38}
$$

式中，$\boldsymbol{p}^{(k)} = \boldsymbol{x}^{(k+1)} - \boldsymbol{x}^{(k)}$；$\boldsymbol{q}^{(k)} = \boldsymbol{g}_{k+1} - \boldsymbol{g}_k$；$\boldsymbol{g}_k = \nabla f(\boldsymbol{x}^{(k)})$；$\boldsymbol{H}_1 = \boldsymbol{I}_n$。其搜索方向为

$$
\boldsymbol{d}^{(k)} = -\boldsymbol{H}_k\boldsymbol{g}_k \tag{4.39}
$$

实际上，DFP 公式和 BFGS 公式都是由$\boldsymbol{p}^{(k)}$ 和$\boldsymbol{H}_k\boldsymbol{q}^{(k)}$ 构成的对称矩阵并且满足拟牛顿条件，因此这两个公式的加权组合（即 Broyden 族）仍具有同样的特性：

$$
\boldsymbol{H}_{k+1}^{\phi} = (1-\phi)\boldsymbol{H}_{k+1}^{DFP} + \phi\boldsymbol{H}_{k+1}^{BFGS} \tag{4.40}
$$

式中，参数 $\phi \in [0,1]$。

显然，当 $\phi = 0$ 和 $\phi = 1$ 时，式 (4.40) 分别是 DFP 修正和 BFGS 修正。

例 4.5.1　用 DFP 算法求解下列问题：

$$\min f(\boldsymbol{x}) = 2x_1^2 + x_2^2 - 4x_1 + 2$$

解析　函数的梯度向量：

$$\boldsymbol{g} = \nabla f(\boldsymbol{x}) = (4x_1 - 4,\ 2x_2)^{\mathrm{T}}$$

取初始点 $\boldsymbol{x}^{(1)} = [0,0]^{\mathrm{T}}$，在点 $\boldsymbol{x}^{(1)}$ 处，有

$$\boldsymbol{g}_1 = \begin{bmatrix} -4 \\ 0 \end{bmatrix},\ \boldsymbol{H}_1 = \begin{bmatrix} 1 & 0 \\ 0 & 1 \end{bmatrix},\ \boldsymbol{d}^{(1)} = -\boldsymbol{H}_1 \boldsymbol{g}_1 = \begin{bmatrix} 4 \\ 0 \end{bmatrix}$$

从点 $\boldsymbol{x}^{(1)}$ 出发，沿 $\boldsymbol{d}^{(1)}$ 方向搜索 λ，即

$$\min_{\lambda} f(\boldsymbol{x}^{(1)} + \lambda \boldsymbol{d}^{(1)}) = 2(x_1 + \lambda d_1)^2 + (x_2 + \lambda d_2)^2 - 4(x_1 + \lambda d_1) + 2$$

解出 $\lambda = \dfrac{1}{4}$，相应地，

$$\boldsymbol{x}^{(2)} = \boldsymbol{x}^{(1)} + \lambda \boldsymbol{d}^{(1)} = \begin{bmatrix} 0 \\ 0 \end{bmatrix} + \frac{1}{4} \cdot \begin{bmatrix} -4 \\ 0 \end{bmatrix} = \begin{bmatrix} 1 \\ 0 \end{bmatrix}$$

此时，$\boldsymbol{g}_2 = (0,0)^{\mathrm{T}}$。显然，已经达到极值点，最优目标函数为

$$f(\boldsymbol{x}^{(2)}) = 0$$

例 4.5.2　用 DFP 算法求解下列问题（例 4.5.1，$\boldsymbol{x}^{(1)} = [0,1]^{\mathrm{T}}$）：

$$\min\ f(\boldsymbol{x}) = 2x_1^2 + x_2^2 - 4x_1 + 2$$

解析　函数的梯度向量：

$$\boldsymbol{g} = \nabla f(\boldsymbol{x}) = [4x_1 - 4,\ 2x_2]^{\mathrm{T}}$$

取初始点 $\boldsymbol{x}^{(1)} = [0,1]^{\mathrm{T}}$，在点 $\boldsymbol{x}^{(1)}$ 处，有

$$\boldsymbol{g}_1 = \begin{bmatrix} -4 \\ 2 \end{bmatrix},\ \boldsymbol{H}_1 = \begin{bmatrix} 1 & 0 \\ 0 & 1 \end{bmatrix},\ \boldsymbol{d}^{(1)} = -\boldsymbol{H}_1 \boldsymbol{g}_1 = \begin{bmatrix} 4 \\ -2 \end{bmatrix}$$

从 $\boldsymbol{x}^{(1)}$ 出发，沿 $\boldsymbol{d}^{(1)}$ 方向搜索 λ，即

$$\min_{\lambda} f(\boldsymbol{x}^{(1)} + \lambda \boldsymbol{d}^{(1)}) = 2\,(x_1 + 4\lambda)^2 + (x_2 - 2\lambda)^2 - 4(x_1 + 4\lambda) + 2$$

解出 $\lambda = \dfrac{5}{18}$，相应地，

$$\boldsymbol{x}^{(2)} = \boldsymbol{x}^{(1)} + \lambda \boldsymbol{d}^{(1)} = \left[\frac{10}{9}, \frac{4}{9}\right]^{\mathrm{T}}$$

继续计算 $\boldsymbol{x}^{(2)}$ 处的搜索方向：

$$\boldsymbol{p}^{(1)} = \lambda \boldsymbol{d}^{(1)} = \left[\frac{10}{9},\ -\frac{5}{9}\right]^{\mathrm{T}}$$

$$\boldsymbol{g}_2 = \left[\frac{4}{9}, \frac{8}{9}\right]^{\mathrm{T}}$$

$$\boldsymbol{q}^{(1)} = \boldsymbol{g}_2 - \boldsymbol{g}_1 = \left[\frac{40}{9},\ -\frac{10}{9}\right]^{\mathrm{T}}$$

$$H_2 = H_1 + \frac{p^{(1)} p^{(1)\mathrm{T}}}{p^{(1)\mathrm{T}} q^{(1)}} - \frac{H_1 q^{(1)} q^{(1)\mathrm{T}} H_1}{q^{(1)\mathrm{T}} H_1 q^{(1)}} = \begin{bmatrix} 0.2810 & 0.1242 \\ 0.1242 & 0.9967 \end{bmatrix}$$

$$d^{(2)} = -H_2 g_2 = [-0.2353, -0.9412]^{\mathrm{T}}$$

从 $x^{(2)}$ 出发，沿 $d^{(2)}$ 方向搜索 λ，即

$$\min_{\lambda} f(x^{(2)} + \lambda d^{(2)}) = 2(x_1 + \lambda d_1)^2 + (x_2 + \lambda d_2)^2 - 4(x_1 + \lambda d_1) + 2$$

解出 $\lambda = 0.4722$，相应地，

$$x^{(3)} = x^{(2)} + \lambda d^{(2)} = [1,0]^{\mathrm{T}}$$

继续计算 $x^{(3)}$ 处的搜索方向：

$$p^{(2)} = \lambda d^{(2)} = [-0.1111, -0.4444]^{\mathrm{T}}$$

$$g_3 = 10^{-14} \times [0.2665, -0.1332]^{\mathrm{T}} \approx \mathbf{0}$$

可见，$x^{(3)}$ 已经达到极值点（具有二次终止性）。因此，最优解和最优目标函数分别为

$$x^{(3)} = [1,0]^{\mathrm{T}}$$

$$f(x^{(3)}) = 0$$

4.6 信赖域法

4.6.1 信赖域法的原理

信赖域法的思路是给定一点 $x^{(k)}$ 后，确定一个变化范围，通常取以点 $x^{(k)}$ 为中心的球域，称为信赖域，在此域内优化目标函数的二次逼近式，按一定模式求出后继迭代点 $x^{(k+1)}$。如果不满足精度要求，就重新定义以点 $x^{(k)}$ 为中心的信赖域，并在此域内优化目标函数的二次逼近式，直至满足精度要求为止。

对于如下无约束优化问题：

$$\min f(x), \quad x \in \mathbf{R}^n \tag{4.41}$$

将 $f(x)$ 在给定点 $x^{(k)}$ 处泰勒展开，取二次近似得到：

$$f(x) \approx f(x^{(k)}) + \nabla f(x^{(k)})^{\mathrm{T}}(x - x^{(k)}) + \frac{1}{2}(x - x^{(k)})^{\mathrm{T}} \nabla^2 f(x^{(k)})(x - x^{(k)}) \tag{4.42}$$

记 $d = x - x^{(k)}$，得到如下二次模型：

$$\begin{aligned} \phi(x) &= \phi(x - x^{(k)} + x^{(k)}) = \phi(d + x^{(k)}) \\ &= f(x^{(k)}) + \nabla f(x^{(k)})^{\mathrm{T}} d + \frac{1}{2} d^{\mathrm{T}} \nabla^2 f(x^{(k)}) d \end{aligned} \tag{4.43}$$

将其改写成如下形式：

$$\phi(d) = f(x^{(k)}) + \nabla f(x^{(k)})^{\mathrm{T}} d + \frac{1}{2} d^{\mathrm{T}} \nabla^2 f(x^{(k)}) d \tag{4.44}$$

为了在点 $\boldsymbol{x}^{(k)}$ 的附近用二阶展开式 $\phi(\boldsymbol{d})$ 比较准确地近似 $f(\boldsymbol{x})=f(\boldsymbol{x}^{(k)}+\boldsymbol{d})$，限定 $\boldsymbol{d}$ 的取值，令 $\|\boldsymbol{d}\|_2 \leqslant r_k$。其中 r_k 是给定的常数，称为信赖域半径。

这样，求函数 $f(\boldsymbol{x})$ 的极小值点归结为解一系列子问题：

$$\min_{d} \ \phi(\boldsymbol{d})=f(\boldsymbol{x}^{(k)})+\nabla f(\boldsymbol{x}^{(k)})^{\mathrm{T}}\boldsymbol{d}+\frac{1}{2}\boldsymbol{d}^{\mathrm{T}}\nabla^2 f(\boldsymbol{x}^{(k)})\boldsymbol{d} \tag{4.45}$$

$$\text{s.t.} \ \|\boldsymbol{d}\| \leqslant r_k \tag{4.46}$$

式 (4.45)、式 (4.46) 组成有约束非线性规划。根据有约束非线性规划的必要条件（将在 5.1 节介绍），可以得到 $\boldsymbol{d}^{(k)}$ 为最优解的必要条件：

$$\begin{aligned}
&\nabla^2 f(\boldsymbol{x}^{(k)})\boldsymbol{d}^{(k)}+\nabla f(\boldsymbol{x}^{(k)})+\frac{\hat{\omega}}{\sqrt{\boldsymbol{d}^{(k)\mathrm{T}}\boldsymbol{d}^{(k)}}}\boldsymbol{d}^{(k)}=0\\
&\hat{\omega}\cdot(\|\boldsymbol{d}\|-r_k)=0\\
&\hat{\omega}\geqslant 0\\
&\|\boldsymbol{d}\|\leqslant r_k
\end{aligned} \tag{4.47}$$

令 $\omega=\dfrac{\hat{\omega}}{\sqrt{\boldsymbol{d}^{(k)\mathrm{T}}\boldsymbol{d}^{(k)}}}$，那么上述必要条件可改写为

$$\begin{cases}
\nabla^2 f(\boldsymbol{x}^{(k)})\boldsymbol{d}^{(k)}+\omega\boldsymbol{d}^{(k)}=-\nabla f(\boldsymbol{x}^{(k)})\\
\omega\cdot(\|\boldsymbol{d}\|-r_k)=0\\
\omega\geqslant 0\\
\|\boldsymbol{d}\|\leqslant r_k
\end{cases} \tag{4.48}$$

假设 $\nabla^2 f(\boldsymbol{x}^{(k)})+\omega\boldsymbol{I}$ 可逆，则由上式的第一个方程可以解出：

$$\boldsymbol{d}^{(k)}=-\left[\nabla^2 f(\boldsymbol{x}^{(k)})+\omega\boldsymbol{I}\right]^{-1}\nabla f(\boldsymbol{x}^{(k)}) \tag{4.49}$$

通过目标函数的实际下降量与预测下降量之比判断逼近是否成功：

$$\rho_k=\frac{f(\boldsymbol{x}^{(k)})-f(\boldsymbol{x}^{(k)}+\boldsymbol{d}^{(k)})}{f(\boldsymbol{x}^{(k)})-\phi_k(\boldsymbol{d}^{(k)})} \tag{4.50}$$

如果 ρ_k 太小，则认为逼近不成功，令 $r_{k+1}=\dfrac{r_k}{2}$，重新迭代；如果 ρ_k 比较大，则认为逼近成功，令 $\boldsymbol{x}^{(k+1)}=\boldsymbol{x}^{(k)}+\boldsymbol{d}^{(k)}$，继续迭代。

注意：信赖域法的搜索方向与牛顿法在形式上相同，并且都是采用 $\boldsymbol{x}^{(k)}$ 处的二阶泰勒展开式近似原函数，但是牛顿法没有要求在 $\boldsymbol{x}^{(k)}$ 足够小的邻域内展开，无法保证逼近精度，而信赖域法要求在 $\boldsymbol{x}^{(k)}$ 足够小的邻域内展开，并且判断逼近是否成功，如果逼近不成功则减小信赖域半径，直到逼近成功。

4.6.2　信赖域法的算法

信赖域法的计算步骤如下：

第 1 步，给定可行点 $\boldsymbol{x}^{(1)}$，信赖域半径 r_1，参数 $0<\mu<\eta<1$（一般取 $\mu=\dfrac{1}{4}$，$\eta=\dfrac{3}{4}$）及精度要求 ε，置 $k=1$。

第 2 步，计算 $f(\boldsymbol{x}^{(k)})$ 和 $\nabla f(\boldsymbol{x}^{(k)})$。若 $\|\nabla f(\boldsymbol{x}^{(k)})\| \leqslant \varepsilon$，则停止计算，得到最优解 $\boldsymbol{x}^{(k)}$；否则，计算黑塞矩阵 $\nabla^2 f(\boldsymbol{x}^{(k)})$。

第 3 步，求解如下子问题：

$$\min \ \phi_k(\boldsymbol{d}) = f(\boldsymbol{x}^{(k)}) + \nabla f(\boldsymbol{x}^{(k)})^{\mathrm{T}}\boldsymbol{d} + \frac{1}{2}\boldsymbol{d}^{\mathrm{T}}\,\nabla^2 f(\boldsymbol{x}^{(k)})\boldsymbol{d}$$

$$\text{s.t.} \ \|\boldsymbol{d}\| \leqslant r_k$$

得到子问题的最优解 $\boldsymbol{d}^{(k)}$。计算如下参数：

$$\rho_k = \frac{f(\boldsymbol{x}^{(k)}) - f(\boldsymbol{x}^{(k)} + \boldsymbol{d}^{(k)})}{f(\boldsymbol{x}^{(k)}) - \phi_k(\boldsymbol{d}^{(k)})}$$

第 4 步，如果 $\rho_k \leqslant \mu$，则令 $\boldsymbol{x}^{(k+1)} = \boldsymbol{x}^{(k)}$；如果 $\rho_k > \mu$，则令 $\boldsymbol{x}^{(k+1)} = \boldsymbol{x}^{(k)} + \boldsymbol{d}^{(k)}$。

第 5 步，修改 r_k。如果 $\rho_k \leqslant \mu$，则令 $r_{k+1} = \frac{r_k}{2}$；如果 $\mu < \rho_k < \eta$，则令 $r_{k+1} = r_k$；如果 $\rho_k \geqslant \eta$，则令 $r_{k+1} = 2r_k$。

第 6 步，置 $k = k + 1$，转至第 2 步。

例 4.6.1 用信赖域法求解下列无约束优化问题：

$$\min \ f(\boldsymbol{x}) = x_1^4 + x_1^2 + x_2^2 - 4x_2 + 5$$

要求初始点 $\boldsymbol{x}^{(1)} = [0,0]^{\mathrm{T}}$，信赖域半径 $r_1 = 1$，$\mu = \frac{1}{4}$，$\eta = \frac{3}{4}$。

解析 第 1 次迭代。计算点 $\boldsymbol{x}^{(1)}$ 处的函数值、梯度和黑塞矩阵：

$$f(\boldsymbol{x}^{(1)}) = 5,\ \nabla f(\boldsymbol{x}^{(1)}) = \begin{bmatrix} 0 \\ -4 \end{bmatrix},\ \nabla^2 f(\boldsymbol{x}^{(1)}) = \begin{bmatrix} 2 & 0 \\ 0 & 2 \end{bmatrix}$$

求解如下子问题：

$$\min \ \phi(\boldsymbol{d}) = f(\boldsymbol{x}^{(k)}) + \nabla f(\boldsymbol{x}^{(k)})^{\mathrm{T}}\boldsymbol{d} + \frac{1}{2}\boldsymbol{d}^{\mathrm{T}}\,\nabla^2 f(\boldsymbol{x}^{(k)})\boldsymbol{d}$$

$$\text{s.t.} \ \|\boldsymbol{d}\| \leqslant r_k$$

即

$$\min \ \phi(\boldsymbol{d}) = 5 - 4d_2 + d_1^2 + d_2^2$$

$$\text{s.t.} \ d_1^2 + d_2^2 \leqslant 1$$

该子问题达到最优解的必要条件如下：

$$\begin{cases} \begin{bmatrix} 2 & 0 \\ 0 & 2 \end{bmatrix}\begin{bmatrix} d_1 \\ d_2 \end{bmatrix} + \omega_1\begin{bmatrix} d_1 \\ d_2 \end{bmatrix} = -\begin{bmatrix} 0 \\ -4 \end{bmatrix} \\ \omega_1 \cdot (d_1^2 + d_2^2 - 1) = 0 \\ \omega_1 \geqslant 0 \\ d_1^2 + d_2^2 \leqslant 1 \end{cases}$$

易知，$\omega_1 = 0$ 或者 $d_1^2 + d_2^2 = 1$。通过分类分析，可以解出：

$$\boldsymbol{d}^{(1)}=\begin{bmatrix}d_1\\d_2\end{bmatrix}=\begin{bmatrix}0\\1\end{bmatrix}$$

函数的实际下降量与预测下降量之比为

$$\rho_1=\frac{f(\boldsymbol{x}^{(1)})-f(\boldsymbol{x}^{(1)}+\boldsymbol{d}^{(1)})}{f(\boldsymbol{x}^{(1)})-\phi_1(\boldsymbol{d}^{(1)})}=\frac{5-2}{5-2}=1>\eta$$

可见，逼近成功。令 $\boldsymbol{x}^{(2)}=\boldsymbol{x}^{(1)}+\boldsymbol{d}^{(1)}=[0,1]^{\mathrm{T}}$，$r_2=2r_1=2$。

第 2 次迭代。计算点 $\boldsymbol{x}^{(2)}$ 处的函数值、梯度和黑塞矩阵：

$$f(\boldsymbol{x}^{(2)})=2,\ \nabla f(\boldsymbol{x}^{(2)})=\begin{bmatrix}0\\-2\end{bmatrix},\ \nabla^2 f(\boldsymbol{x}^{(2)})=\begin{bmatrix}2&0\\0&2\end{bmatrix}$$

求解如下子问题：

$$\begin{aligned}&\min\ \phi_2(\boldsymbol{d})=2-2d_2+d_1^2+d_2^2\\&\text{s. t.}\ \ d_1^2+d_2^2\leqslant 4\end{aligned}$$

根据该子问题的必要条件可以解出：

$$\boldsymbol{d}^{(2)}=\begin{bmatrix}d_1\\d_2\end{bmatrix}=\begin{bmatrix}0\\1\end{bmatrix}$$

函数的实际下降量与预测下降量之比为

$$\rho_2=\frac{f(\boldsymbol{x}^{(2)})-f(\boldsymbol{x}^{(2)}+\boldsymbol{d}^{(2)})}{f(\boldsymbol{x}^{(2)})-\phi_2(\boldsymbol{d}^{(2)})}=\frac{2-0}{2-0}=1>\eta$$

可见，逼近成功。令 $\boldsymbol{x}^{(3)}=\boldsymbol{x}^{(2)}+\boldsymbol{d}^{(2)}=[0,2]^{\mathrm{T}}$，$r_2=2r_1=4$。

第 3 次迭代。计算点 $\boldsymbol{x}^{(3)}$ 处的函数值和梯度：

$$f(\boldsymbol{x}^{(3)})=1,\ \nabla f(\boldsymbol{x}^{(3)})=\begin{bmatrix}0\\0\end{bmatrix}$$

可见，$\boldsymbol{x}^{(3)}$ 已经是最优解，对应的最优目标函数 $f(\boldsymbol{x}^{(3)})=1$。

4.7　共轭梯度法

4.7.1　共轭方向

【定义 4.7.1】共轭方向：

设 $\boldsymbol{A}$ 是 $n\times n$ 对称正定矩阵，若 $\mathbf{R}^n$ 中的两个方向 $\boldsymbol{d}^{(1)}$ 和 $\boldsymbol{d}^{(2)}$ 满足

$$\boldsymbol{d}^{(1)\mathrm{T}}\boldsymbol{A}\boldsymbol{d}^{(2)}=0 \tag{4.51}$$

则称这两个方向关于 $\boldsymbol{A}$ 共轭，或称它们关于 $\boldsymbol{A}$ 正交。

若 $\boldsymbol{d}^{(1)},\boldsymbol{d}^{(2)},\cdots,\boldsymbol{d}^{(k)}$ 是 $\mathbf{R}^n$ 中 k 个方向，它们两两关于 $\boldsymbol{A}$ 共轭，即满足

$$\boldsymbol{d}^{(i)\mathrm{T}}\boldsymbol{A}\boldsymbol{d}^{(j)}=0,\quad i\neq j;\ i,j=1,2,\cdots,k$$

则称这组方向关于 $\boldsymbol{A}$ 共轭，或称它们为 $\boldsymbol{A}$ 的 k 个共轭方向。

如果$\boldsymbol{A}$为单位矩阵，则两个方向关于$\boldsymbol{A}$共轭等价于两个方向正交。如果$\boldsymbol{A}$是一般的对称正定矩阵，则$\boldsymbol{d}^{(i)}$和$\boldsymbol{d}^{(j)}$关于$\boldsymbol{A}$共轭等价于方向$\boldsymbol{d}^{(i)}$与$\boldsymbol{A}\boldsymbol{d}^{(j)}$正交。

共轭方向的几何意义：设有二次函数

$$f(\boldsymbol{x})=\frac{1}{2}(\boldsymbol{x}-\bar{\boldsymbol{x}})^{\mathrm{T}}\boldsymbol{A}(\boldsymbol{x}-\bar{\boldsymbol{x}}) \tag{4.52}$$

式中，$\boldsymbol{A}$是$n\times n$对称正定矩阵。函数$f(\boldsymbol{x})$的等值面$f(\boldsymbol{x})=c$是以点$\bar{\boldsymbol{x}}$为中心的椭球面。

假设$\boldsymbol{x}^{(1)}$是某个等值面上的一点，该等值面在点$\boldsymbol{x}^{(1)}$处的法向量为

$$\nabla f(\boldsymbol{x}^{(1)})=\boldsymbol{A}(\boldsymbol{x}^{(1)}-\bar{\boldsymbol{x}}) \tag{4.53}$$

假设$\boldsymbol{d}^{(1)}$是这个等值面在点$\boldsymbol{x}^{(1)}$处的一个切向量。显然$\boldsymbol{d}^{(1)}$与$\nabla f(\boldsymbol{x}^{(1)})$正交，即

$$\boldsymbol{d}^{(1)\mathrm{T}}\nabla f(\boldsymbol{x}^{(1)})=\boldsymbol{d}^{(1)\mathrm{T}}\boldsymbol{A}(\boldsymbol{x}^{(1)}-\bar{\boldsymbol{x}})=\boldsymbol{d}^{(1)\mathrm{T}}\boldsymbol{A}\boldsymbol{d}^{(2)}=0 \tag{4.54}$$

共轭方向的几何意义如图4.5所示。

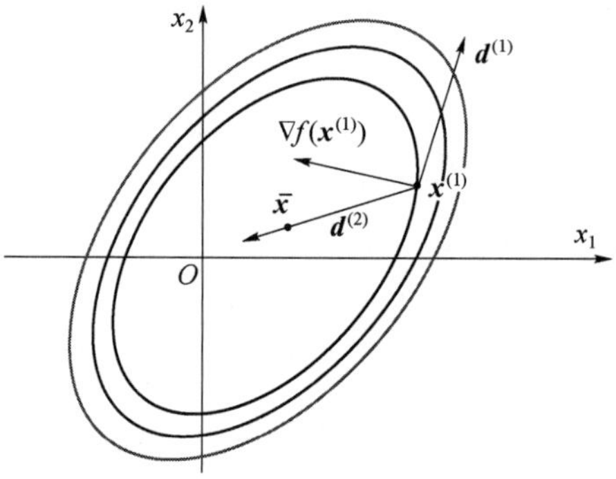

图4.5　共轭方向的几何意义（附彩图）

4.7.2　共轭梯度法的原理

对于二次凸函数优化问题：

$$\min\ f(\boldsymbol{x})=\frac{1}{2}\boldsymbol{x}^{\mathrm{T}}\boldsymbol{A}\boldsymbol{x}+\boldsymbol{b}^{\mathrm{T}}\boldsymbol{x}+c \tag{4.55}$$

式中，$\boldsymbol{x}\in\mathbf{R}^n$；$\boldsymbol{A}$是对称正定矩阵。

共轭梯度法的具体算法有多种，这里以FR（Fletcher Reeves）共轭梯度法为例，思路如下：

第1步，任意给定一个初始点$\boldsymbol{x}^{(1)}$，计算目标函数$f(\boldsymbol{x})$在该点的梯度。若$\|\boldsymbol{g}_1\|=0$，则停止计算；否则，沿方向$\boldsymbol{d}^{(1)}$进行一维搜索：

$$\boldsymbol{d}^{(1)}=-\nabla f(\boldsymbol{x}^{(1)})=-\boldsymbol{g}_1 \tag{4.56}$$

得到点$\boldsymbol{x}^{(2)}$。

第2步，计算在$\boldsymbol{x}^{(2)}$处的梯度，若$\|\boldsymbol{g}_2\|\neq 0$，则利用$-\boldsymbol{g}_2$和$\boldsymbol{d}^{(1)}$构造第2个搜索方向$\boldsymbol{d}^{(2)}$，再沿$\boldsymbol{d}^{(2)}$搜索，得到新的迭代点。

第 3 步，在新的迭代点处重复第 2 步，直到达到最优解。

首先，研究一维搜索问题。一般地，若已知点 $\boldsymbol{x}^{(k)}$ 和搜索方向 $\boldsymbol{d}^{(k)}$，则从 $\boldsymbol{x}^{(k)}$ 出发，沿 $\boldsymbol{d}^{(k)}$ 进行一维搜索，得到

$$\boldsymbol{x}^{(k+1)} = \boldsymbol{x}^{(k)} + \lambda_k \boldsymbol{d}^{(k)} \tag{4.57}$$

式中，步长 λ_k 满足下式：

$$f(\boldsymbol{x}^{(k)} + \lambda_k \boldsymbol{d}^{(k)}) = \min f(\boldsymbol{x}^{(k)} + \lambda \boldsymbol{d}^{(k)}) \tag{4.58}$$

为了求解 λ_k，令

$$\frac{\mathrm{d}f(\boldsymbol{x}^{(k)} + \lambda \boldsymbol{d}^{(k)})}{\mathrm{d}\lambda} = \nabla f(\boldsymbol{x}^{(k)} + \lambda \boldsymbol{d}^{(k)})^{\mathrm{T}} \boldsymbol{d}^{(k)} = 0 \tag{4.59}$$

由此可以解出：

$$\lambda_k = -\frac{\boldsymbol{g}_k^{\mathrm{T}} \boldsymbol{d}^{(k)}}{\boldsymbol{d}^{\mathrm{T}(k)} \boldsymbol{A} \boldsymbol{d}^{(k)}} \tag{4.60}$$

其次，研究搜索方向的构造方法。计算 $f(\boldsymbol{x})$ 在 $\boldsymbol{x}^{(k+1)}$ 处的梯度。若 $\|\boldsymbol{g}_{k+1}\| = 0$，则停止计算；否则，用 $-\boldsymbol{g}_{k+1}$ 和 $\boldsymbol{d}^{(k)}$ 构造下一个搜索方向 $\boldsymbol{d}^{(k+1)}$，并使 $\boldsymbol{d}^{(k+1)}$ 和 $\boldsymbol{d}^{(k)}$ 关于 $\boldsymbol{A}$ 共轭。按此设想，令

$$\boldsymbol{d}^{(k+1)} = -\boldsymbol{g}_{k+1} + \beta_k \boldsymbol{d}^{(k)} \tag{4.61}$$

将上式两端左乘 $\boldsymbol{d}^{(k)\mathrm{T}} \boldsymbol{A}$ 并利用共轭特性，可得

$$\boldsymbol{d}^{(k)\mathrm{T}} \boldsymbol{A} \boldsymbol{d}^{(k+1)} = -\boldsymbol{d}^{(k)\mathrm{T}} \boldsymbol{A} \boldsymbol{g}_{k+1} + \beta_k \boldsymbol{d}^{(k)\mathrm{T}} \boldsymbol{A} \boldsymbol{d}^{(k)} = 0 \tag{4.62}$$

由此可以解出：

$$\beta_k = \frac{\boldsymbol{d}^{(k)\mathrm{T}} \boldsymbol{A} \boldsymbol{g}_{k+1}}{\boldsymbol{d}^{(k)\mathrm{T}} \boldsymbol{A} \boldsymbol{d}^{(k)}} \tag{4.63}$$

【定理 4.7.1】 对于正定二次函数，具有精确一维搜索的 FR 共轭梯度法在 $m \leqslant n$ 次一维搜索后终止，并且对所有 i $(l \leqslant i \leqslant m)$，下列关系式成立：

(1) $\boldsymbol{d}^{(i)\mathrm{T}} \boldsymbol{A} \boldsymbol{d}^{(j)} = 0$，$j = 1, 2, \cdots, i-1$；

(2) $\boldsymbol{g}_i^{\mathrm{T}} \boldsymbol{g}_j = 0$，$j = 1, 2, \cdots, i-1$；

(3) $\boldsymbol{g}_i^{\mathrm{T}} \boldsymbol{d}^{(i)} = -\boldsymbol{g}_i^{\mathrm{T}} \boldsymbol{g}_i$。

证明　采用归纳法证明。

当 $i = 1$ 时，$\boldsymbol{d}^{(1)} = -\boldsymbol{g}_1$，因此 $\boldsymbol{g}_1^{\mathrm{T}} \boldsymbol{d}^{(1)} = -\boldsymbol{g}_1^{\mathrm{T}} \boldsymbol{g}_1$。

当 $i = 2$ 时，

$$\boldsymbol{d}^{(2)\mathrm{T}} \boldsymbol{A} \boldsymbol{d}^{(1)} = 0$$

$$\boldsymbol{g}_2^{\mathrm{T}} \boldsymbol{g}_1 = \boldsymbol{g}_2^{\mathrm{T}}(-\boldsymbol{d}^{(1)}) = 0$$

$$\boldsymbol{g}_2^{\mathrm{T}} \boldsymbol{d}^{(2)} = \boldsymbol{g}_2^{\mathrm{T}}(-\boldsymbol{g}_2 + \beta_k \boldsymbol{d}^{(1)}) = -\boldsymbol{g}_2^{\mathrm{T}} \boldsymbol{g}_2$$

假设对某个 $i < m$，这些关系均成立，接下来证明其对于 $i+1$ 也成立。先证关系式

(2)，由迭代法的公式可知：

$$\boldsymbol{x}^{(i+1)}=\boldsymbol{x}^{(i)}+\lambda_i\boldsymbol{d}^{(i)} \tag{4.64}$$

将上式两端左乘 $\boldsymbol{A}$，再加上 $\boldsymbol{b}$，得到

$$\boldsymbol{g}_{i+1}=\boldsymbol{g}_i+\lambda_i\boldsymbol{A}\boldsymbol{d}^{(i)} \tag{4.65}$$

式中，

$$\lambda_i=-\frac{\boldsymbol{g}_i^{\mathrm{T}}\boldsymbol{d}^{(i)}}{\boldsymbol{d}^{(i)\mathrm{T}}\boldsymbol{A}\boldsymbol{d}^{(i)}}=\frac{\boldsymbol{g}_i^{\mathrm{T}}\boldsymbol{g}_i}{\boldsymbol{d}^{(i)\mathrm{T}}\boldsymbol{A}\boldsymbol{d}^{(i)}} \tag{4.66}$$

因此，

$$\boldsymbol{g}_{i+1}^{\mathrm{T}}\boldsymbol{g}_j=(\boldsymbol{g}_i+\lambda\boldsymbol{A}\boldsymbol{d}^{(i)})^{\mathrm{T}}\boldsymbol{g}_j=\boldsymbol{g}_i^{\mathrm{T}}\boldsymbol{g}_j+\lambda_i\boldsymbol{d}^{(i)\mathrm{T}}\boldsymbol{A}(-\boldsymbol{d}^{(j)}+\beta_{j-1}\boldsymbol{d}^{(j-1)}) \tag{4.67}$$

当 $j=i$ 时，由归纳法假设可知 $\boldsymbol{d}^{(i)\mathrm{T}}\boldsymbol{A}\boldsymbol{d}^{(i-1)}=0$，将式 (4.66) 所示的 λ_i 表达式代入式 (4.67)，可得

$$\boldsymbol{g}_{i+1}^{\mathrm{T}}\boldsymbol{g}_j=\boldsymbol{g}_i^{\mathrm{T}}\boldsymbol{g}_j-\frac{\boldsymbol{g}_i^{\mathrm{T}}\boldsymbol{g}_i}{\boldsymbol{d}^{(i)\mathrm{T}}\boldsymbol{A}\boldsymbol{d}^{(i)}}\boldsymbol{d}^{(i)\mathrm{T}}\boldsymbol{A}\boldsymbol{d}^{(j)}+\beta_{j-1}\frac{\boldsymbol{g}_i^{\mathrm{T}}\boldsymbol{g}_i}{\boldsymbol{d}^{(i)\mathrm{T}}\boldsymbol{A}\boldsymbol{d}^{(i)}}\boldsymbol{d}^{(i)\mathrm{T}}\boldsymbol{A}\boldsymbol{d}^{(j-1)}=0 \tag{4.68}$$

当 $j<i$ 时，根据归纳法的假设，式 (4.67) 的第二个等号右端各项均为零，因此，

$$\boldsymbol{g}_{i+1}^{\mathrm{T}}\boldsymbol{g}_j=\boldsymbol{g}_i^{\mathrm{T}}\boldsymbol{g}_j-\lambda_i\boldsymbol{d}^{(i)\mathrm{T}}\boldsymbol{A}\boldsymbol{d}^{(j)}+\beta_{j-1}\lambda_i\boldsymbol{d}^{(i)\mathrm{T}}\boldsymbol{A}\boldsymbol{d}^{(j-1)}=0 \tag{4.69}$$

再证关系式(1)。由式 (4.65) 可知

$$\boldsymbol{g}_{j+1}=\boldsymbol{g}_j+\lambda_j\boldsymbol{A}\boldsymbol{d}^{(j)} \tag{4.70}$$

对上式进行变形，解出 $\boldsymbol{A}$ 的表达式并代入 $\boldsymbol{d}^{(i+1)\mathrm{T}}\boldsymbol{A}\boldsymbol{d}^{(j)}$，可得

$$\boldsymbol{d}^{(i+1)\mathrm{T}}\boldsymbol{A}\boldsymbol{d}^{(j)}=(-\boldsymbol{g}_{i+1}+\beta_i\boldsymbol{d}^{(i)})^{\mathrm{T}}\boldsymbol{A}\boldsymbol{d}^{(j)}=-\boldsymbol{g}_{i+1}^{\mathrm{T}}\frac{\boldsymbol{g}_{j+1}-\boldsymbol{g}_j}{\lambda_j}+\beta_i\boldsymbol{d}^{(i)\mathrm{T}}\boldsymbol{A}\boldsymbol{d}^{(j)} \tag{4.71}$$

当 $j=i$ 时，将 $\beta_i=\dfrac{\boldsymbol{d}^{(i)\mathrm{T}}\boldsymbol{A}\boldsymbol{g}_{i+1}}{\boldsymbol{d}^{(i)\mathrm{T}}\boldsymbol{A}\boldsymbol{d}^{(i)}}$ 代入第 1 个等号右边得到

$$\begin{aligned}\boldsymbol{d}^{(i+1)\mathrm{T}}\boldsymbol{A}\boldsymbol{d}^{(j)}&=\left(-\boldsymbol{g}_{i+1}+\frac{\boldsymbol{d}^{(i)\mathrm{T}}\boldsymbol{A}\boldsymbol{g}_{i+1}}{\boldsymbol{d}^{(i)\mathrm{T}}\boldsymbol{A}\boldsymbol{d}^{(i)}}\boldsymbol{d}^{(i)}\right)^{\mathrm{T}}\boldsymbol{A}\boldsymbol{d}^{(j)}\\&=-\boldsymbol{g}_{i+1}^{\mathrm{T}}\boldsymbol{A}\boldsymbol{d}^{(j)}+\frac{\boldsymbol{d}^{(i)\mathrm{T}}\boldsymbol{A}\boldsymbol{g}_{i+1}}{\boldsymbol{d}^{(i)\mathrm{T}}\boldsymbol{A}\boldsymbol{d}^{(i)}}\boldsymbol{d}^{(i)\mathrm{T}}\boldsymbol{A}\boldsymbol{d}^{(j)}\\&=-\boldsymbol{g}_{i+1}^{\mathrm{T}}\boldsymbol{A}\boldsymbol{d}^{(j)}+\boldsymbol{d}^{(i)\mathrm{T}}\boldsymbol{A}\boldsymbol{g}_{i+1}=0\end{aligned} \tag{4.72}$$

当 $j<i$ 时，易知式 (4.71) 第 2 个等号右端显然为 0，即

$$\begin{aligned}\boldsymbol{d}^{(i+1)\mathrm{T}}\boldsymbol{A}\boldsymbol{d}^{(j)}&=-\boldsymbol{g}_{i+1}^{\mathrm{T}}\frac{\boldsymbol{g}_{j+1}-\boldsymbol{g}_j}{\lambda_j}+\beta_i\boldsymbol{d}^{(i)\mathrm{T}}\boldsymbol{A}\boldsymbol{d}^{(j)}\\&=-\frac{\boldsymbol{g}_{i+1}^{\mathrm{T}}\boldsymbol{g}_{j+1}-\boldsymbol{g}_{i+1}^{\mathrm{T}}\boldsymbol{g}_j}{\lambda_j}+\beta_i\boldsymbol{d}^{(i)\mathrm{T}}\boldsymbol{A}\boldsymbol{d}^{(j)}=0\end{aligned} \tag{4.73}$$

最后，证明关系式(3)。易知

$$\boldsymbol{g}_{i+1}^{\mathrm{T}}\boldsymbol{d}^{(i+1)}=\boldsymbol{g}_{i+1}^{\mathrm{T}}(-\boldsymbol{g}_{i+1}+\beta_i\boldsymbol{d}^{(i)})=-\boldsymbol{g}_{i+1}^{\mathrm{T}}\boldsymbol{g}_{i+1} \tag{4.74}$$

注意：在证明过程中，初始搜索方向取最速下降方向，即 $\boldsymbol{d}^{(1)}=-\boldsymbol{g}_1$。

【定理 4.7.2】 对于正定二次函数，FR 共轭梯度法中的因子 β_i 可采用如下表达式计算：

$$\beta_i=\frac{\|\boldsymbol{g}_{i+1}\|^2}{\|\boldsymbol{g}_i\|^2},\quad i>1,\ \boldsymbol{g}_i\neq\boldsymbol{0} \tag{4.75}$$

证明　利用式（4.63）和定理 4.7.1 的结论，可知

$$\begin{aligned}\beta_i&=\frac{\boldsymbol{d}^{(i)\mathrm{T}}\boldsymbol{A}\boldsymbol{g}_{i+1}}{\boldsymbol{d}^{(i)\mathrm{T}}\boldsymbol{A}\boldsymbol{d}^{(i)}}=\frac{\boldsymbol{g}_{i+1}^{\mathrm{T}}\boldsymbol{A}(\boldsymbol{x}^{(i+1)}-\boldsymbol{x}^{(i)})/\lambda_i}{\boldsymbol{d}^{(i)\mathrm{T}}\boldsymbol{A}(\boldsymbol{x}^{(i+1)}-\boldsymbol{x}^{(i)})/\lambda_i}\\&=\frac{\boldsymbol{g}_{i+1}^{\mathrm{T}}(\boldsymbol{g}_{i+1}-\boldsymbol{g}_i)}{\boldsymbol{d}^{(i)\mathrm{T}}(\boldsymbol{g}_{i+1}-\boldsymbol{g}_i)}=\frac{\|\boldsymbol{g}_{i+1}\|^2}{-\boldsymbol{d}^{(i)\mathrm{T}}\boldsymbol{g}_i}=\frac{\|\boldsymbol{g}_{i+1}\|^2}{\|\boldsymbol{g}_i\|^2}\end{aligned} \tag{4.76}$$

式中，

$$\boldsymbol{x}^{(i+1)}=\boldsymbol{x}^{(i)}+\lambda_i\boldsymbol{d}^{(i)},\ \boldsymbol{g}_i=\boldsymbol{A}\boldsymbol{x}^{(i)}+\boldsymbol{b}$$

$$\boldsymbol{g}_{i+1}^{\mathrm{T}}\boldsymbol{g}_i=0,\ \boldsymbol{g}_{i+1}^{\mathrm{T}}\boldsymbol{d}^{(i)}=0,\ \boldsymbol{d}^{(i)\mathrm{T}}\boldsymbol{g}_i=-\|\boldsymbol{g}_i\|^2$$

4.7.3　用于二次凸函数的共轭梯度法

用于二次凸函数的共轭梯度法的思路如下：

第 1 步，给定初始点 $\boldsymbol{x}^{(1)}$，置 $k=1$。

第 2 步，计算 $\boldsymbol{g}_k=\nabla f(\boldsymbol{x}^{(k)})$，若 $\|\boldsymbol{g}_k\|=0$，则停止计算，得最优点 $\bar{\boldsymbol{x}}=\boldsymbol{x}^{(k)}$；否则，进行下一步。

第 3 步，构造搜索方向，令

$$\boldsymbol{d}^{(k)}=-\boldsymbol{g}_k+\beta_{k+1}\boldsymbol{d}^{(k-1)} \tag{4.77}$$

式中，当 $k=1$ 时，$\beta_{k-1}=0$；当 $k>1$ 时，按 $\beta_{k-1}=\dfrac{\|\boldsymbol{g}_k\|^2}{\|\boldsymbol{g}_{k-1}\|^2}$ 计算因子 β_{k-1}。

第 4 步，令 $\boldsymbol{x}^{(k+1)}=\boldsymbol{x}^{(k)}+\lambda_k\boldsymbol{d}^{(k)}$，其中 $\lambda_k=-\dfrac{\boldsymbol{g}_k^{\mathrm{T}}\boldsymbol{d}^{(k)}}{\boldsymbol{d}^{(k)\mathrm{T}}\boldsymbol{A}\boldsymbol{d}^{(k)}}$。

第 5 步，若 $k=n$，则停止计算，得点 $\bar{\boldsymbol{x}}=\boldsymbol{x}^{(k+1)}$；否则，置 $k=k+1$，返回第 2 步。

例 4.7.1　采用共轭梯度法求解下列问题：

$$\min\ f(\boldsymbol{x})=x_1^2+2x_2^2$$

解析　函数的梯度向量 $\boldsymbol{g}=\nabla f(\boldsymbol{x})=[2x_1,4x_2]^{\mathrm{T}}$，取初始点 $\boldsymbol{x}^{(1)}=[1,1]^{\mathrm{T}}$。

第 1 次迭代：

$$\boldsymbol{A}=\begin{bmatrix}2&0\\0&4\end{bmatrix},\quad \boldsymbol{d}^{(1)}=-\boldsymbol{g}_1=\begin{bmatrix}-2\\-4\end{bmatrix}$$

$$\lambda_1=-\frac{\boldsymbol{g}_1^{\mathrm{T}}\boldsymbol{d}^{(1)}}{\boldsymbol{d}^{(1)\mathrm{T}}\boldsymbol{A}\boldsymbol{d}^{(1)}}=0.278$$

$$\boldsymbol{x}^{(2)}=\boldsymbol{x}^{(1)}+\lambda_1\boldsymbol{d}^{(1)}=[0.444,\ -0.111]^{\mathrm{T}}$$

第 2 次迭代：

$$\boldsymbol{g}_2 = [0.889, -0.444]^{\mathrm{T}}, \beta_1 = \frac{\|\boldsymbol{g}_2\|^2}{\|\boldsymbol{g}_1\|^2} = 0.049$$

$$\boldsymbol{d}^{(2)} = -\boldsymbol{g}_2 + \beta_1 \boldsymbol{d}^{(1)} = [-0.988, 0.247]^{\mathrm{T}}$$

$$\lambda_2 = -\frac{\boldsymbol{g}_2^{\mathrm{T}} \boldsymbol{d}^{(2)}}{\boldsymbol{d}^{(2)\mathrm{T}} \boldsymbol{A} \boldsymbol{d}^{(2)}} = 0.45$$

$$\boldsymbol{x}^{(3)} = \boldsymbol{x}^{(2)} + \lambda_2 \boldsymbol{d}^{(2)} = 1.0 \times 10^{-15} \times [0.167, 0.014]^{\mathrm{T}}$$

在 $\boldsymbol{x}^{(3)}$ 处，目标函数的梯度 $\boldsymbol{g}_3 = [0,0]^{\mathrm{T}}$，达到极小值点，相应的目标函数 $f(\boldsymbol{x}^{(3)}) = 0$。

4.7.4 用于一般函数的共轭梯度法

共轭梯度法用于极小化任意函数 $f(\boldsymbol{x})$ 时，主要区别有以下两点：

(1) 步长 λ_k 不能再用解析表达式计算，而必须用其他一维搜索方法确定；

(2) 凡用到矩阵 $\boldsymbol{A}$ 之处，需要用现行点处的黑塞矩阵 $\nabla^2 f(\boldsymbol{x}^{(k)})$。

一般来说，用这种方法求任意函数的极小值点时，经过有限步迭代是达不到极小值点的(但是能够逐渐逼近)。迭代的延续方案通常有两种：

方案 1：直接延续，总是用表达式 $\boldsymbol{d}^{(k)} = -\boldsymbol{g}_k + \beta_{k-1} \boldsymbol{d}^{(k-1)}$ 构造搜索方向。

方案 2：传统共轭梯度法，即把 n 步作为一轮，每搜索一轮之后，取一次最速下降方向，开始下一轮。

传统共轭梯度法计算步骤(用于一般函数) 如下：

第 1 步，给定初始点 $\boldsymbol{x}^{(1)}$，允许误差 $\varepsilon > 0$。置

$$\boldsymbol{d}^{(1)} = -\nabla f(\boldsymbol{x}^{(1)}), \quad k = j = 1$$

第 2 步，若 $\|\nabla f(\boldsymbol{x}^{(k)})\| \leqslant \varepsilon$，则停止计算；否则，进行一维搜索求解 λ_k，令

$$\boldsymbol{x}^{(k+1)} = \boldsymbol{x}^{(k)} + \lambda_k \boldsymbol{d}^{(k)}$$

第 3 步，若 $k < n$，则转至第 4 步；否则，转至第 5 步。

第 4 步，令 $\boldsymbol{d}^{(k+1)} = -\nabla f(\boldsymbol{x}^{(k+1)}) + \beta_k \boldsymbol{d}^{(k)}$，其中，

$$\beta_k = \frac{\|\nabla f(\boldsymbol{x}^{(k+1)})\|^2}{\|\nabla f(\boldsymbol{x}^{(k)})\|^2}$$

置 $k = k + 1$，转至第 2 步。

第 5 步，令 $\boldsymbol{x}^{(1)} = \boldsymbol{x}^{(n+1)}$，$\boldsymbol{d}^{(1)} = -\nabla f(\boldsymbol{x}^{(1)})$，置 $k = 1$，$j = j + 1$，转至第 2 步。

在共轭梯度法中，因子 β_k 还有以下几种常见的计算方式：

$$\beta_k = \frac{\boldsymbol{g}_{k+1}^{\mathrm{T}} (\boldsymbol{g}_{k+1} - \boldsymbol{g}_k)}{\boldsymbol{g}_k^{\mathrm{T}} \boldsymbol{g}_k} \tag{4.78}$$

$$\beta_k = \frac{\boldsymbol{g}_{k+1}^{\mathrm{T}} (\boldsymbol{g}_{k+1} - \boldsymbol{g}_k)}{\boldsymbol{d}^{(k)\mathrm{T}} (\boldsymbol{g}_{k+1} - \boldsymbol{g}_k)} \tag{4.79}$$

$$\beta_k = \frac{\boldsymbol{d}^{(k)\mathrm{T}} \nabla^2 f(\boldsymbol{x}^{(k+1)}) \boldsymbol{g}_{k+1}}{\boldsymbol{d}^{(k)\mathrm{T}} \nabla^2 f(\boldsymbol{x}^{(k+1)}) \boldsymbol{d}^{(k)}} \tag{4.80}$$

4.8　Powell 法

4.8.1　Powell 法的原理

Powell 法又称为方向加速法，它是直接搜索法中最有效、应用最广泛的一种方法。Powell 法在本质上是一种共轭方向法。

设 $f(x_1, x_2)$ 为一个具有极小值点的二次函数，它的等值线 $f(x_1, x_2) = c$ 是一族椭圆，这一族椭圆的共同中心 $\bar{\boldsymbol{x}}$ 是函数 $f(x_1, x_2)$ 的极小值点，如图 4.6 所示。

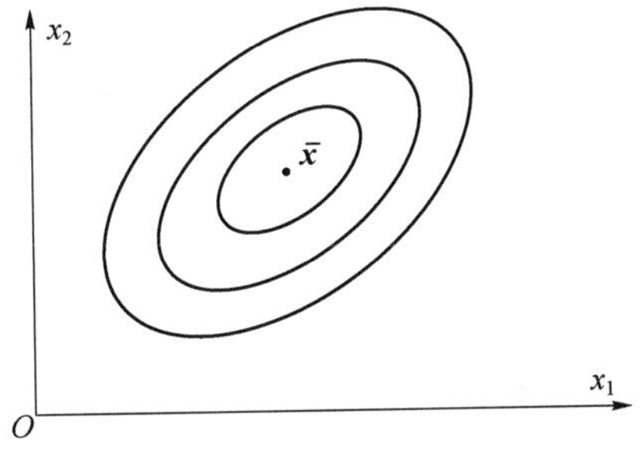

图 4.6　二次函数等值线示意图

【定理 4.8.1】 如果从不同的初始点 $\boldsymbol{x}^{(0)}$、$\boldsymbol{x}^{(1)}$ 出发，沿同一方向 $\boldsymbol{p}_0$ 求得极小值点 $\boldsymbol{x}^{(a)}$、$\boldsymbol{x}^{(b)}$，那么连接这两个一维极小值点的直线必定通过极小值点 $\bar{\boldsymbol{x}}$。

这一事实表明，通过不同起点沿同一方向求函数极小值，可以产生共轭方向。图 4.7 给出 Powell 法的原理图。

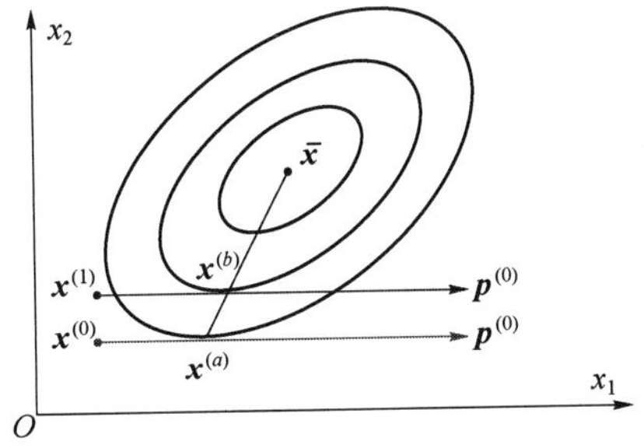

图 4.7　Powell 法的原理图（附彩图）

Powell 法的基本思想是把计算过程分成若干阶段，每一阶段(一轮迭代) 由 $n+1$ 次一维搜索组成。如图 4.8 所示，在算法的每一阶段进行以下操作：

(1) 依次沿着已知的 n 个方向搜索，得到一个最好点；

(2) 沿本阶段的初始点与最好点连线方向进行搜索，求得这一阶段的最好点；

(3) 用最后的搜索方向取代前 n 个方向之一，开始下一阶段的迭代。

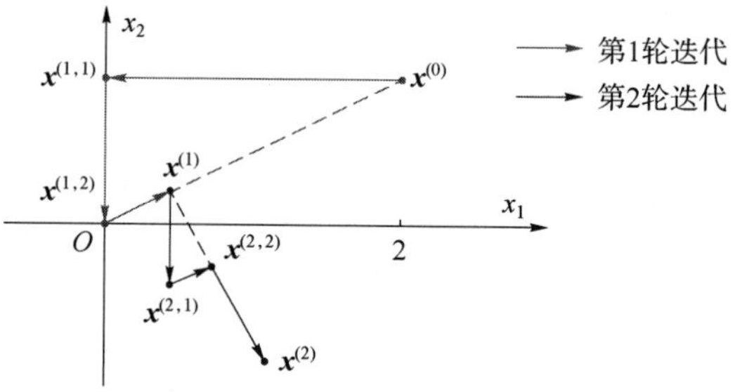

图 4.8　Powell 法的搜索过程示意图（附彩图）

4.8.2　Powell 法的算法

Powell 法的算法步骤如下：

第 1 步，给定初始点 $\boldsymbol{x}^{(0)}$ 和 n 个线性无关的方向：

$$\boldsymbol{d}^{(1,0)},\boldsymbol{d}^{(1,1)},\cdots,\boldsymbol{d}^{(1,n-1)}$$

允许误差 $\varepsilon > 0$，置 $k = 1$。

第 2 步，置 $\boldsymbol{x}^{(k,0)} = \boldsymbol{x}^{(k-1)}$，从 $\boldsymbol{x}^{(k,0)}$ 出发，依次沿方向

$$\boldsymbol{d}^{(1,0)},\boldsymbol{d}^{(1,1)},\cdots,\boldsymbol{d}^{(1,n-1)}$$

进行搜索，得到点

$$\boldsymbol{x}^{(k,1)},\boldsymbol{x}^{(k,2)},\cdots,\boldsymbol{x}^{(k,n)}$$

再从 $\boldsymbol{x}^{(k,n)}$ 出发，沿着方向

$$\boldsymbol{d}^{(k,n)} = \boldsymbol{x}^{(k,n)} - \boldsymbol{x}^{(k,0)}$$

进行一维搜索，得到点 $\boldsymbol{x}^{(k)} = \boldsymbol{x}^{(k,n+1)}$。

第 3 步，若 $\|\boldsymbol{x}^{(k)} - \boldsymbol{x}^{(k-1)}\| < \varepsilon$，则停止计算，得点 $\boldsymbol{x}^{(k)}$；否则，令

$$\boldsymbol{d}^{(k+1,j)} = \boldsymbol{d}^{(k,j+1)},\quad j = 0,1,\cdots,n-1$$

置 $k = k + 1$，返回第 2 步。

例 4.8.1　用 Powell 法求解下列优化问题：

$$\min f(\boldsymbol{x}) = (x_1 + x_2)^2 + (x_1 - 1)^2$$

解析　取初始点和初始搜索方向分别为

$$\boldsymbol{x}^{(0)} = [2,1]^{\mathrm{T}};\ \boldsymbol{d}^{(1,0)} = [1,0]^{\mathrm{T}},\ \boldsymbol{d}^{(1,1)} = [0,1]^{\mathrm{T}}$$

第 1 轮迭代。置

$$\boldsymbol{x}^{(1,0)} = \boldsymbol{x}^{(0)} = [2,1]^{\mathrm{T}}$$

先沿 $\boldsymbol{d}^{(1,0)}$ 作一维搜索

$$\min_{\lambda} f(\boldsymbol{x}^{(1,0)}+\lambda \boldsymbol{d}^{(1,0)})$$

得到 $\lambda_0=-2$，$\boldsymbol{x}^{(1,1)}=[0,1]^{\mathrm{T}}$。

再从 $\boldsymbol{x}^{(1,1)}$ 出发，沿 $\boldsymbol{d}^{(1,1)}$ 作一维搜索

$$\min_{\lambda} f(\boldsymbol{x}^{(1,1)}+\lambda \boldsymbol{d}^{(1,1)})$$

得到 $\lambda_1=-1$，$\boldsymbol{x}^{(1,2)}=[0,0]^{\mathrm{T}}$。

令方向

$$\boldsymbol{d}^{(1,2)}=\boldsymbol{x}^{(1,2)}-\boldsymbol{x}^{(1,0)}=[-2,-1]^{\mathrm{T}}$$

从 $\boldsymbol{x}^{(1,2)}$ 出发，沿 $\boldsymbol{d}^{(1,2)}$ 作一维搜索

$$\min_{\lambda} f(\boldsymbol{x}^{(1,2)}+\lambda \boldsymbol{d}^{(1,2)})$$

得到 $\lambda_2=-\dfrac{2}{13}$，最好点 $\boldsymbol{x}^{(1)}=\boldsymbol{x}^{(1,3)}=\left[\dfrac{4}{13},\dfrac{2}{13}\right]^{\mathrm{T}}$。

第 2 轮迭代：第 2 轮的搜索方向为

$$\boldsymbol{d}^{(2,0)}=[0,1]^{\mathrm{T}},\ \boldsymbol{d}^{(2,1)}=[-2,-1]^{\mathrm{T}}$$

初始点为

$$\boldsymbol{x}^{(2,0)}=\boldsymbol{x}^{(1)}=\left[\frac{4}{13},\frac{2}{13}\right]^{\mathrm{T}}$$

先沿 $\boldsymbol{d}^{(2,0)}$ 作一维搜索

$$\min_{\lambda} f(\boldsymbol{x}^{(2,0)}+\lambda \boldsymbol{d}^{(2,0)})$$

得到 $\lambda_0=-\dfrac{6}{13}$，$\boldsymbol{x}^{(2,1)}=\left[\dfrac{4}{13},-\dfrac{4}{13}\right]^{\mathrm{T}}$。

再沿 $\boldsymbol{d}^{(2,1)}$ 作一维搜索

$$\min_{\lambda} f(\boldsymbol{x}^{(2,1)}+\lambda \boldsymbol{d}^{(2,1)})$$

得到 $\lambda_1=-\dfrac{18}{169}$，$\boldsymbol{x}^{(2,2)}=\left[\dfrac{88}{169},-\dfrac{34}{169}\right]^{\mathrm{T}}$。

令方向

$$\boldsymbol{d}^{(2,2)}=\boldsymbol{x}^{(2,2)}-\boldsymbol{x}^{(2,0)}=\left[\frac{36}{169},-\frac{60}{169}\right]^{\mathrm{T}}$$

从 $\boldsymbol{x}^{(2,2)}$ 出发，沿 $\boldsymbol{d}^{(2,2)}$ 作一维搜索

$$\min_{\lambda} f(\boldsymbol{x}^{(2,2)}+\lambda \boldsymbol{d}^{(2,2)})$$

得到 $\lambda_2=\dfrac{9}{4}$，最好点 $\boldsymbol{x}^{(2)}=\boldsymbol{x}^{(2,3)}=[1,-1]^{\mathrm{T}}$。

已经达到最优解(继续搜索不再改进)，相应的最优目标函数 $f(\boldsymbol{x}^{(2)})=0$。

4.8.3 二次终止性

【定理4.8.2】 设$f(\boldsymbol{x})=\frac{1}{2}\boldsymbol{x}^{\mathrm{T}}\boldsymbol{A}\boldsymbol{x}+\boldsymbol{b}\boldsymbol{x}+\boldsymbol{c}$，$\boldsymbol{A}$为$n$阶对称正定矩阵，任意给定方向$\boldsymbol{d}\in\mathbf{R}^n$和点$\boldsymbol{x}^{(0)}\in\mathbf{R}^n$，$\boldsymbol{x}^{(1)}\in\mathbf{R}^n(\boldsymbol{x}^{(0)}\neq\boldsymbol{x}^{(1)})$，从$\boldsymbol{x}^{(0)}$出发沿方向$\boldsymbol{d}$搜索，得极小值点$\boldsymbol{x}^{(a)}$，从$\boldsymbol{x}^{(1)}$出发沿方向$\boldsymbol{d}$搜索，得极小值点$\boldsymbol{x}^{(b)}$，则$\boldsymbol{x}^{(b)}-\boldsymbol{x}^{(a)}$与$\boldsymbol{d}$关于$\boldsymbol{A}$共轭。

证明　结合图4.9，根据一维搜索性质，必有

$$(\boldsymbol{A}\boldsymbol{x}^{(a)}+\boldsymbol{b})^{\mathrm{T}}\boldsymbol{d}=0$$

$$(\boldsymbol{A}\boldsymbol{x}^{(b)}+\boldsymbol{b})^{\mathrm{T}}\boldsymbol{d}=0$$

将二式相减，得到

$$(\boldsymbol{x}^{(b)}-\boldsymbol{x}^{(a)})^{\mathrm{T}}\boldsymbol{A}\boldsymbol{d}=0$$

可见，Powell 法产生的搜索方向是共轭方向，因而具有二次终止性。

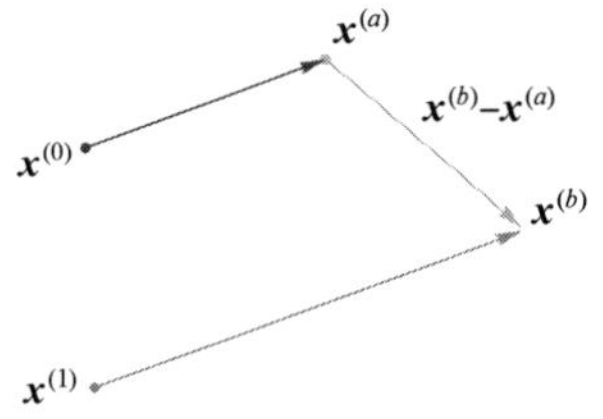

图4.9　Powell 法的搜索方向示意图（附彩图）

4.9　单纯形法

单纯形是指n维空间中具有$n+1$个顶点的凸多面体，如一维空间中的线段、二维空间中的三角形、三维空间中的四面体等。

非线性规划单纯形法的基本思想：给定$\mathbf{R}^n$中一个单纯形，求出其$n+1$个顶点上的函数值，确定最大函数值的点(最高点)和最小函数值的点(最低点)，然后通过反射、扩展、压缩等方法求出一个较好点，并用它取代最高点，构成新的单纯形，或者通过向最低点收缩形成新的单纯形，用这样的方法逼近极小值点。注意求解非线性规划的单纯形法不同于第2章求解线性规划的单纯形法。

以极小化二元函数$f(x_1,x_2)$为例，具体介绍单纯形法的原理。

首先，在平面上取不共线的三个点$\boldsymbol{x}^{(1)}$、$\boldsymbol{x}^{(2)}$和$\boldsymbol{x}^{(3)}$，构成初始单纯形，如图4.10所示。其中的最高点为$\boldsymbol{x}^{(3)}$，最低点为$\boldsymbol{x}^{(1)}$，即

$$f(\boldsymbol{x}^{(1)})<f(\boldsymbol{x}^{(2)})<f(\boldsymbol{x}^{(3)})$$

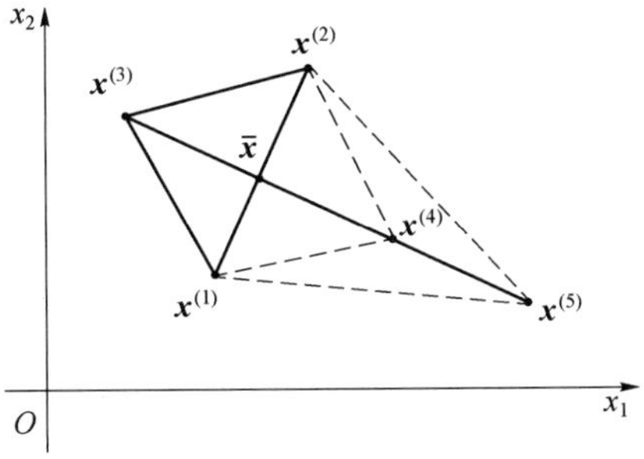

图 4.10　单纯形法反射示例

然后，将最高点经过其余点的形心进行反射。对于本示例，就是将 $\boldsymbol{x}^{(3)}$ 经过由 $\boldsymbol{x}^{(1)}$ 和 $\boldsymbol{x}^{(2)}$ 组成的线段的中点 $\bar{\boldsymbol{x}} = \dfrac{\boldsymbol{x}^{(1)} + \boldsymbol{x}^{(2)}}{2}$ 进行反射，得到反射点

$$\boldsymbol{x}^{(4)} = \bar{\boldsymbol{x}} + \alpha(\bar{\boldsymbol{x}} - \boldsymbol{x}^{(3)}) \tag{4.81}$$

式中，α 称为反射系数，一般取 $\alpha = 1$。

反射后，有三种可能的情形：

(1) 如果 $f(\boldsymbol{x}^{(4)}) < f(\boldsymbol{x}^{(1)})$，则表明方向 $\boldsymbol{d} = \boldsymbol{x}^{(4)} - \bar{\boldsymbol{x}}$ 对于函数值的减小是有利的，于是沿此方向进行扩展。令

$$\boldsymbol{x}^{(5)} = \bar{\boldsymbol{x}} + \gamma(\boldsymbol{x}^{(4)} - \bar{\boldsymbol{x}}) \tag{4.82}$$

式中，γ 称为扩展系数，$\gamma > 1$。

根据 $\boldsymbol{x}^{(5)}$ 处函数值的不同，采取相应的措施：

① 若 $f(\boldsymbol{x}^{(5)}) < f(\boldsymbol{x}^{(4)})$，则用 $\boldsymbol{x}^{(5)}$ 取代 $\boldsymbol{x}^{(3)}$，得到新的单纯形 $\boldsymbol{x}^{(1)}\boldsymbol{x}^{(2)}\boldsymbol{x}^{(5)}$；

② 若 $f(\boldsymbol{x}^{(5)}) > f(\boldsymbol{x}^{(4)})$，则扩展失败，就用 $\boldsymbol{x}^{(4)}$ 取代 $\boldsymbol{x}^{(3)}$，得到新的单纯形 $\boldsymbol{x}^{(1)}\boldsymbol{x}^{(2)}\boldsymbol{x}^{(4)}$。

(2) 如果 $f(\boldsymbol{x}^{(1)}) < f(\boldsymbol{x}^{(4)}) < f(\boldsymbol{x}^{(2)})$，即 $f(\boldsymbol{x}^{(4)})$ 不小于最低点处的函数值，不大于次高点处的函数值，则用 $\boldsymbol{x}^{(4)}$ 替换 $\boldsymbol{x}^{(3)}$，得到新单纯形 $\boldsymbol{x}^{(1)}\boldsymbol{x}^{(2)}\boldsymbol{x}^{(4)}$。

(3) 如果 $f(\boldsymbol{x}^{(4)}) > f(\boldsymbol{x}^{(2)})$，即 $f(\boldsymbol{x}^{(4)})$ 大于次高点处的函数值，则进行压缩步骤。为此，在 $\boldsymbol{x}^{(4)}$ 和 $\boldsymbol{x}^{(3)}$ 中选择函数值最小的点，记为 $\boldsymbol{x}^{(l)}$，令

$$\boldsymbol{x}^{(6)} = \bar{\boldsymbol{x}} + \beta(\boldsymbol{x}^{(l)} - \bar{\boldsymbol{x}}) \tag{4.83}$$

式中，$\beta \in (0,1)$ 为压缩系数（如 $\beta = 1/2$），即 $\boldsymbol{x}^{(6)}$ 位于 $\bar{\boldsymbol{x}}$ 和 $\boldsymbol{x}^{(l)}$ 之间。

根据 $\boldsymbol{x}^{(6)}$ 处函数值的不同，采用相应的措施：

① 若 $f(\boldsymbol{x}^{(6)}) \leqslant f(\boldsymbol{x}^{(l)})$，采取 $\boldsymbol{x}^{(6)}$ 取代 $\boldsymbol{x}^{(3)}$，得到新的单纯形 $\boldsymbol{x}^{(1)}\boldsymbol{x}^{(2)}\boldsymbol{x}^{(6)}$；

② 若 $f(\boldsymbol{x}^{(6)}) > f(\boldsymbol{x}^{(l)})$，则进行收缩。收缩方式如图 4.11 所示，最低点 $\boldsymbol{x}^{(1)}$ 不动，$\boldsymbol{x}^{(2)}$ 和 $\boldsymbol{x}^{(3)}$ 均向 $\boldsymbol{x}^{(1)}$ 移近一半距离，即

$$\boldsymbol{x}^{(7)} = \boldsymbol{x}^{(2)} + \frac{\boldsymbol{x}^{(1)} - \boldsymbol{x}^{(2)}}{2}$$

$$\boldsymbol{x}^{(8)} = \boldsymbol{x}^{(3)} + \frac{\boldsymbol{x}^{(1)} - \boldsymbol{x}^{(3)}}{2}$$

从而得到新的单纯形 $\boldsymbol{x}^{(1)}\boldsymbol{x}^{(7)}\boldsymbol{x}^{(8)}$。

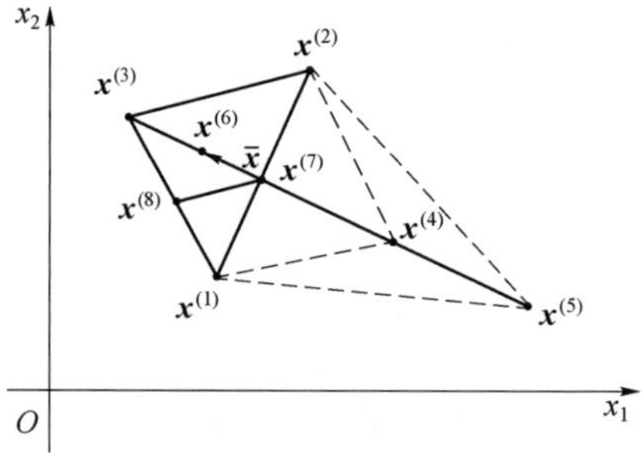

图 4.11 单纯形法压缩和收缩示例

可见，反射后的三种情况下都可以得到新的单纯形。从新的单纯形出发，再次反射，并重复上述操作，直到收敛。单纯形法的收敛检验准则为

$$\left\{\frac{1}{n+1}\sum_{i=1}^{n+1}\left[f(\boldsymbol{x}^{(i)})-f(\bar{\boldsymbol{x}})\right]^2\right\}^{\frac{1}{2}}<\varepsilon$$

4.10 MATLAB 实例练习

4.10.1 MATLAB 无约束优化函数

MATLAB 无约束优化函数为 fminunc。在 MATLAB 的“帮助”页面输入“fminunc”，可得到 fminunc 的相关介绍，如图 4.12 所示，应用示例如图 4.13 所示。

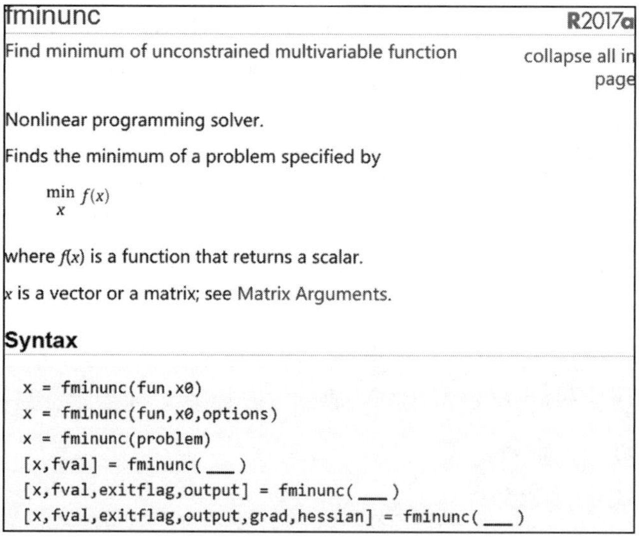
fminunc R2017a

Find minimum of unconstrained multivariable function

collapse all in page

Nonlinear programming solver.

Finds the minimum of a problem specified by

$$\min_{x} f(x)$$

where $f(x)$ is a function that returns a scalar.

x is a vector or a matrix; see Matrix Arguments.

Syntax

```
x = fminunc(fun,x0)
x = fminunc(fun,x0,options)
x = fminunc(problem)
[x,fval] = fminunc(___)
[x,fval,exitflag,output] = fminunc(___)
[x,fval,exitflag,output,grad,hessian] = fminunc(___)
```

图 4.12 MATLAB 无约束优化函数（fminunc）语法

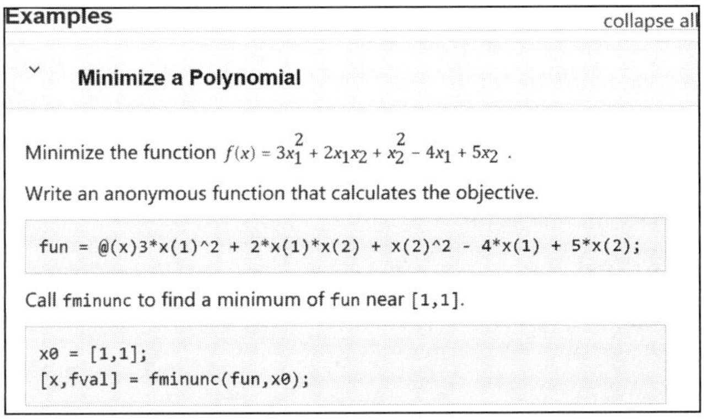

Examples collapse all

Minimize a Polynomial

Minimize the function $f(x) = 3x_1^2 + 2x_1x_2 + x_2^2 - 4x_1 + 5x_2$.

Write an anonymous function that calculates the objective.

```
fun = @(x)3*x(1)^2 + 2*x(1)*x(2) + x(2)^2 - 4*x(1) + 5*x(2);
```

Call `fminunc` to find a minimum of `fun` near `[1,1]`.

```
x0 = [1,1];
[x,fval] = fminunc(fun,x0);
```

图 4.13　MATLAB 无约束优化函数（fminunc）应用示例

4.10.2　MATLAB 无约束优化实例

例 4.10.1　应用 MATLAB 的 fminunc 函数求解如下无约束优化问题（例 4.3.1）：

$$\min \quad f(\boldsymbol{x}) = 2x_1^2 + x_2^2$$

解析　主函数代码如下：

```
clear all
options = optimset(' GradObj' , ' on' );
x0 = [1, 1];
[x, fval] = fminunc(@myobjfun, x0, options)
```

目标函数文件 myobjfun 的代码如下：

```
function [f, g] = myobjfun(x)
f = 2 * x(1)^2 + x(2)^2;
g = zeros(length(x), 1);
if nargout > 1
    g(1) = 4 * x(1);
    g(2) = 2 * x(2);
end
```

运行结果如下：

```
x =
    1.0e-15 *
            0    -0.2220
fval =
    4.9304e-32
```

例 4.10.2 采用最速下降法编程求解如下无约束优化问题（例 4.3.1）：

$$\min\ f(\boldsymbol{x}) = 2x_1^2 + x_2^2$$

解析 采用 MATLAB 语言对最速下降法进行编程，其中一维搜索算法调用 fminbnd 函数，存储并输出最优解的迭代收敛过程。

主函数代码（GradientMethodMain. m）如下：

```
clear all
x0 = [-4, 4]';
eps1 = 1e-10;
global xk
global dk
xk = x0;
XY = xk;
for i = 1: 50
    [f,g] = myfunobj(xk);
    dk = -g; % 搜索方向
    if norm(dk) < eps1,
        break;
    else
        [lamda, fval] = fminbnd(@myfunobjLineSearch, 0, 100);
        xk = xk + lamda * dk;
        XY = [XY   xk];
    end
end
figure(1), plot(XY(1, :),XY(2, :), '-*')
hold on, grid on
xlabel(' x_1', 'FontSize', 12),
ylabel(' x_2', 'FontSize', 12),
xk, fval
```

一维搜索代码（myfunLineSearch. m）如下：

```
function [f] =myfunLineSearch (lambda)
global xk
global dk
x2 = xk + lambda * dk;
[f] =myfunobj (x2);
```

目标函数代码（myfunobj. m）如下：

```
function [f,g] = myobjfun(x)
f = 2 * x(1)^2 + x(2)^2;
g = zeros(length(x),1);
g(1) = 4 * x(1);
g(2) = 2 * x(2);
```

收敛过程如图 4. 14 所示。

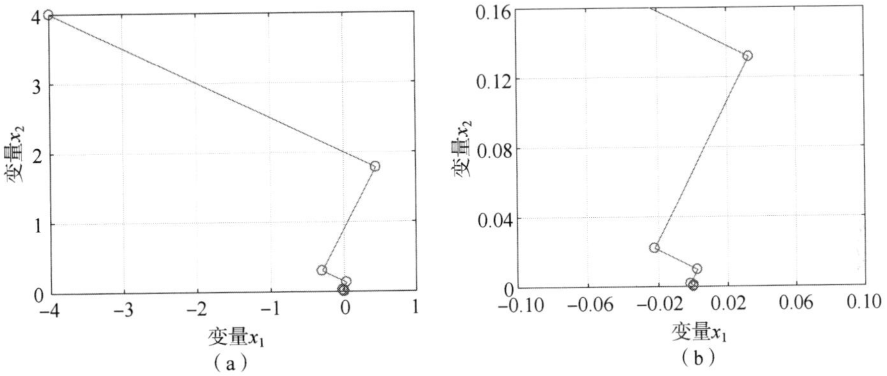

图 4. 14　最速下降法的收敛过程

(a) 全局图；(b) 局部放大图

最优解和最优目标函数如下：

```
xk =
   1.0e-10 *
  -0.198940088304711
   0.198940088304748
fval =
     1.187314762040733e-21
```

例 4. 10. 3　采用拟牛顿法编程求解如下无约束优化问题（例 4. 5. 1）：

$$\min\ f(\boldsymbol{x}) = 2x_1^2 + x_2^2 - 4x_1 + 2$$

解析　采用 MATLAB 语言对拟牛顿法进行编程，其中一维搜索算法调用 fminbnd 函数，存储并输出最优解的迭代收敛过程。

主函数代码（QuasiNewtonMethodMain. m）如下：

```
clear all
x0= [0, 1]';
eps1 = 1e-8;
```

```
global xk
global dk
xk = x0;
XY = xk;
n = length(x0);
Hk = eye(n);
for i = 1: 20
    [fk, gk] = myfunobj(xk);
    if norm(gk) < eps1, break;   end
    if i >= 2,
        pk = lamda * dk;
        qk = gk - g0;
        Hk = Hk + pk * pk' /(pk' * qk) - . . .
            (Hk * qk) * (qk' * Hk)/(qk' * Hk * qk); % DFP
        % BFGS
        % Hk = Hk + (1+qk' * Hk * qk/(pk' * qk)) * (pk * pk' )/(pk' * qk) -…
        %       (pk * qk' * Hk+Hk * qk * pk' )/(pk' * qk); % BFGS
    end
    dk = - Hk * gk;
    [lamda, fval]  = fminbnd(@myfunLineSearch, 0, 100);
    xk = xk + lamda * dk;
    g0 = gk;
    XY = [XY   xk];
end
figure(1), plot(XY(1, :), XY(2, :), ' - o' )
hold on, grid on
xlabel(' x_1' , ' FontSize' , 12),
ylabel(' x_2' , ' FontSize' , 12),
xk, fval
```

一维搜索代码（myfunLineSearch. m）如下：

```
function [f] = myfunLineSearch(lambda)
global xk
global dk
x2 = xk + lambda * dk;
[f] = myfunobj(x2);
```

目标函数代码（myfunobj. m）如下：

```
function [f,g] = myfunobj(x)
f = 2 * x(1)^2 + x(2)^2 - 4 * x(1) + 2;
if nargout > 1
g = zeros(length(x),1);
    g(1) = 4 * x(1) - 4;
    g(2) = 2 * x(2);
end
```

收敛过程如图 4. 15 所示。

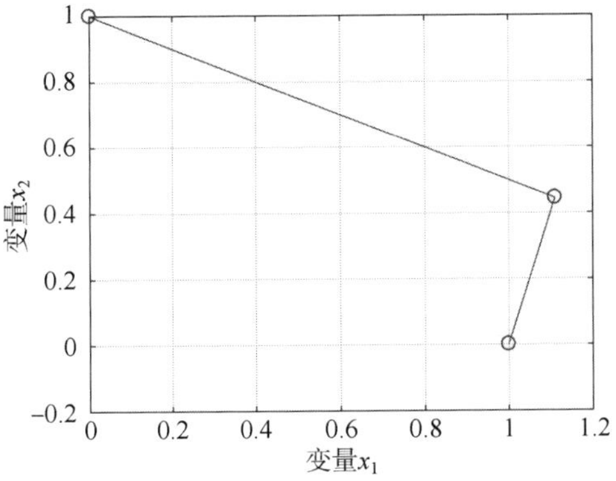

图 4. 15　拟牛顿法的收敛过程

最优解和最优目标函数如下：

```
xk =
    1.000000000000001
   -0.000000000000001
fval =
      0
```

习　题

1. 无约束非线性规划问题的求解过程可分解为哪两个过程？
2. 简述求解无约束优化问题的牛顿法和信赖域法的主要差异。
3. 应用梯度法求解如下无约束规划问题：

$$\min\ f(\boldsymbol{x}) = (2x_1 - x_2)^2 + (x_1 - 10)^2 + 4$$

要求取初始点 $\boldsymbol{x}^{(1)} = [0,0]^{\mathrm{T}}$。请迭代出前两步，即迭代出 $\boldsymbol{x}^{(3)}$ 即可。

4. 采用拟牛顿法求解如下无约束非线性规划问题（初值 $x_1 \neq 10$，$x_2 \neq 5$）：

$$\min f(\boldsymbol{x}) = (x_1 - 2x_2)^2 + (x_1 - 10)^2 + 4$$

5. 采用共轭梯度法编程求解如下无约束非线性规划：

$$\min f(\boldsymbol{x}) = x_1^2 + 2x_2^2$$

6. 采用 Powell 法编程求解如下无约束非线性规划：

$$\min f(\boldsymbol{x}) = (x_1 + x_2)^2 + (x_1 - 1)^2$$

第 5 章

约束非线性规划

5.1 引　　言

实际工程问题绝大多数都是约束非线性规划，可表示为

$$
\begin{aligned}
&\min\ f(\boldsymbol{x}),\ \boldsymbol{x}=[x_1,x_2,\cdots,x_n]^{\mathrm{T}} \\
&\text{s.t.}\ \ g_i(\boldsymbol{x})\leqslant 0,\quad i=1,2,\cdots,m \\
&\qquad h_j(\boldsymbol{x})=0,\quad j=1,2,\cdots,l
\end{aligned}
\tag{5.1}
$$

式中，$g_i(\boldsymbol{x})$ 和 $h_i(\boldsymbol{x})$ 分别表示不等式约束和等式约束，$l<n$。当 $m=l=0$ 时，为无约束优化问题；当 $f(\boldsymbol{x})$、$g_i(\boldsymbol{x})$、$h_j(\boldsymbol{x})$ 都是线性函数时，为线性规划问题；当 $f(\boldsymbol{x})$、$g_i(\boldsymbol{x})$ 和 $h_j(\boldsymbol{x})$ 至少有一个是非线性函数时，为约束非线性规划问题。

例如，对于如下约束非线性规划：

$$
\begin{aligned}
&\min\ f(\boldsymbol{x})=x_1^2+x_2^2 \\
&\text{s.t.}\ \ x_1+x_2-1\geqslant 0 \\
&\qquad 1-x_1\geqslant 0 \\
&\qquad 1-x_2\geqslant 0
\end{aligned}
\tag{5.2}
$$

其对应的几何意义如图 5.1 所示。

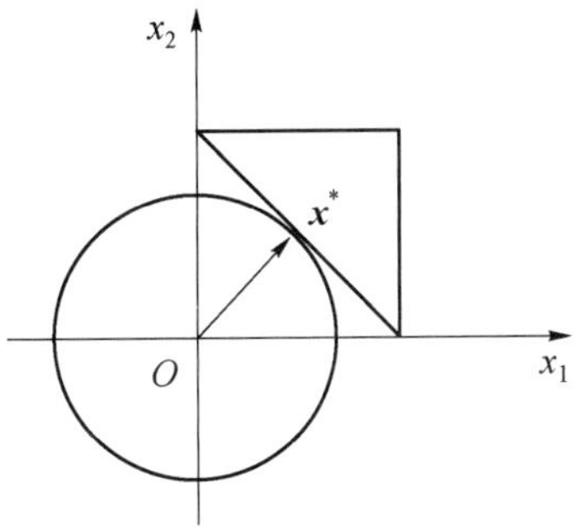

图 5.1　约束非线性规划的几何意义

【**定理 5.1.1**】设 $\boldsymbol{x}^*$ 为 NLP 的最优解，如果在 $\boldsymbol{x}^*$ 处若干个起作用的约束的梯度 $\nabla g_i(\boldsymbol{x}^*)$，$i=1,2,\cdots,p$，$p\leqslant m$ 和 $\nabla h_j(\boldsymbol{x}^*)$，$j=1,2,\cdots,l$ 线性无关，则存在向量 $\boldsymbol{\lambda}^*$ 和 $\boldsymbol{u}^*$ 使下述条件成立：

$$\begin{cases}\nabla f(\boldsymbol{x}^*)+\sum\limits_{i=1}^{m}\lambda_i^*\nabla g_i(\boldsymbol{x}^*)+\sum\limits_{j=1}^{p}\mu_j^*\nabla h_j(\boldsymbol{x}^*)=0\\ \lambda_i^*g_i(\boldsymbol{x}^*)=0,\ \lambda_i^*\geqslant 0,\ i=1,2,\cdots,m\end{cases}\tag{5.3}$$

式（5.3）称为 KKT(KT) 条件(Karush - Kuhn - Tucker conditions)，满足这些条件的点称为 KKT(KT) 点。

对于该定理，这里不作证明，只作分析。假设 NLP 只有不等式约束，并且设经过 k 次迭代后，$\boldsymbol{x}^{(k)}$ 处在某个不等式约束的边界上，此时 $g_i(\boldsymbol{x}^{(k)})=0$，式（5.3）的第 2 个约束自然成立；若 $\boldsymbol{x}^{(k)}$ 为 NLP 的极小值点，则还需要满足第 1 个约束：

$$\nabla f(\boldsymbol{x}^{(k)})+\lambda_i\nabla g_i(\boldsymbol{x}^{(k)})=0\tag{5.4}$$

式（5.4）在几何上表示 $\boldsymbol{x}^{(k)}$ 点处目标函数梯度与约束梯度的方向相反。

为了进一步理解定理 5.1.1，考虑如下非线性规划：

$$\begin{aligned}&\min\ f(\boldsymbol{x})=\|\boldsymbol{x}-\boldsymbol{x}_1\|_2\\&\text{s.t.}\ \ g(\boldsymbol{x})=\|\boldsymbol{x}-\boldsymbol{x}_2\|_2\leqslant c\end{aligned}\tag{5.5}$$

式中，$\boldsymbol{x}=[x,y]^{\mathrm{T}}$；$\boldsymbol{x}_1=[x_1,y_1]^{\mathrm{T}}$；$\boldsymbol{x}_2=[x_2,y_2]^{\mathrm{T}}$。

目标函数的具体表达式为

$$f(\boldsymbol{x})=\|\boldsymbol{x}-\boldsymbol{x}_1\|_2=\sqrt{(x-x_1)^2+(y-y_1)^2}$$

由此可得到偏导数分量为

$$\frac{\partial f(\boldsymbol{x})}{\partial x}=\frac{1}{2}\frac{2(x-x_1)}{\sqrt{(x-x_1)^2+(y-y_1)^2}}$$

$$\frac{\partial f(\boldsymbol{x})}{\partial y}=\frac{1}{2}\frac{2(y-y_1)}{\sqrt{(x-x_1)^2+(y-y_1)^2}}$$

由此可得到目标函数梯度 $\nabla f(\boldsymbol{x})$ 为

$$\nabla f(\boldsymbol{x})=k(\boldsymbol{x})\cdot[x-x_1,y-y_1]^{\mathrm{T}}=k(\boldsymbol{x})\cdot(\boldsymbol{x}-\boldsymbol{x}_1)$$

式中，$k(\boldsymbol{x})$ 表示 $\boldsymbol{x}$ 的标量函数。

采用类似的方法，可得到约束梯度 $\nabla g(\boldsymbol{x})$ 为

$$\nabla g(\boldsymbol{x})=m(\boldsymbol{x})\cdot[x-x_2,y-y_2]^{\mathrm{T}}=m(\boldsymbol{x})\cdot(\boldsymbol{x}-\boldsymbol{x}_2)$$

式中，$m(\boldsymbol{x})$ 表示 $\boldsymbol{x}$ 的标量函数。

另外，式（5.5）描述的 NLP 的几何意义如图 5.2 所示。根据几何意义可知，在最优解处，确实满足 $\nabla f(\boldsymbol{x})$ 与 $\nabla g(\boldsymbol{x})$ 方向相反。

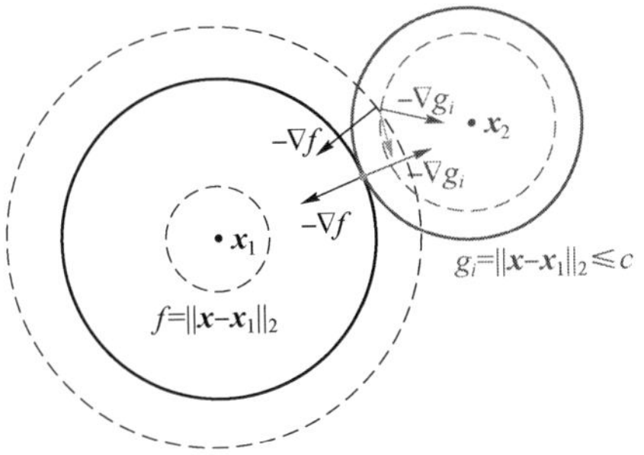

图 5.2　约束非线性规划 KKT 条件的几何意义（附彩图）

5.2 罚　函　数

5.2.1 外点罚函数法

对于等式约束问题：

$$\begin{aligned}&\min f(\boldsymbol{x})\\&\text{s.t. } h_j(\boldsymbol{x})=0,\quad j=1,2,\cdots,l\end{aligned}\tag{5.6}$$

可定义辅助函数：

$$F_1(\boldsymbol{x},\sigma)=f(\boldsymbol{x})+\sigma\sum_{j=1}^{l}h_j^2(\boldsymbol{x})\tag{5.7}$$

式中，参数 σ 是很大的正数。

这样就能把等式约束问题转换为无约束问题：

$$\min F_1(\boldsymbol{x},\sigma)\tag{5.8}$$

式（5.8）的最优解必使得 $h_j(\boldsymbol{x})$ 接近零，否则由于 σ 是很大的正数，必不是极小值点。

对于不等式约束问题：

$$\begin{aligned}&\min f(\boldsymbol{x})\\&\text{s.t. } g_i(\boldsymbol{x})\leqslant 0,\quad i=1,2,\cdots,m\end{aligned}\tag{5.9}$$

可定义辅助函数：

$$F_2(\boldsymbol{x},\sigma)=f(\boldsymbol{x})+\sigma\sum_{i=1}^{m}[\max(0,g_i(\boldsymbol{x}))]^2\tag{5.10}$$

式中，参数 σ 是很大的正数。

显然，当 $\boldsymbol{x}$ 为可行点时，

$$\max(0,g_i(\boldsymbol{x}))=0\tag{5.11}$$

当 $\boldsymbol{x}$ 为不可行点时，

$$\max(0,g_i(\boldsymbol{x}))=g_i(\boldsymbol{x})\tag{5.12}$$

这样，就能把不等式约束问题转换为无约束问题：

$$\min F_2(\boldsymbol{x},\sigma) \tag{5.13}$$

对于一般情形的约束非线性规划问题：

$$\min f(\boldsymbol{x}),\quad \boldsymbol{x}=[x_1,x_2,\cdots,x_n]^{\mathrm{T}} \tag{5.14}$$

$$\text{s.t. } g_i(\boldsymbol{x})\leqslant 0,\quad i=1,2,\cdots,m$$

$$h_j(\boldsymbol{x})=0,\quad j=1,2,\cdots,l$$

可定义辅助函数：

$$F(\boldsymbol{x},\sigma)=f(\boldsymbol{x})+\sigma P(\boldsymbol{x}) \tag{5.15}$$

式中，参数 σ 是很大的正数；函数 $P(\boldsymbol{x})$ 具有下列形式：

$$P(\boldsymbol{x})=\sum_{i=1}^{m}\phi(g_i(\boldsymbol{x}))+\sum_{j=1}^{l}\psi(h_j(\boldsymbol{x})) \tag{5.16}$$

函数 $\phi(\cdot)$ 和 $\psi(\cdot)$ 是满足下列条件的连续函数：

$$\phi(y)\begin{cases}=0, & y\leqslant 0\\ >0, & y>0\end{cases} \tag{5.17}$$

$$\psi(y)\begin{cases}=0, & y=0\\ \neq 0, & y>0\end{cases} \tag{5.18}$$

典型取法下，

$$\phi=[\max(0,g_i(\boldsymbol{x}))]^{\alpha},\quad \psi=|h_j(\boldsymbol{x})|^{\beta} \tag{5.19}$$

式中，$\alpha\geqslant 1$，$\beta\geqslant 1$ 均为给定常数，通常取 $\alpha=\beta=2$。

这样，把原约束问题转换为无约束问题：

$$\min F(\boldsymbol{x},\sigma)=f(\boldsymbol{x})+\sigma P(\boldsymbol{x}) \tag{5.20}$$

当 $\boldsymbol{x}$ 为可行点时，$F(\boldsymbol{x},\sigma)=f(\boldsymbol{x})$；当 $\boldsymbol{x}$ 不是可行点时，$\sigma P(\boldsymbol{x})$ 是很大的正数，是对脱离可行域的惩罚，$\sigma P(\boldsymbol{x})$ 称为罚项，σ 称为罚因子，$F(\boldsymbol{x},\sigma)$ 称为罚函数。

例 5.2.1 求解下列非线性规划：

$$\min\ f(\boldsymbol{x})=(x_1-1)^2+x_2^2$$

$$\text{s.t. } g(\boldsymbol{x})=-x_2+1\leqslant 0$$

解析 定义罚函数

$$F(\boldsymbol{x},\sigma)=\begin{cases}(x_1-1)^2+x_2^2, & x_2\geqslant 1\\ (x_1-1)^2+x_2^2+\sigma(x_2-1)^2, & x_2<1\end{cases}$$

用解析法解 $\min F(\boldsymbol{x},\sigma)$，对罚函数求偏导数可得

$$\frac{\partial F}{\partial x_1}=2(x_1-1)$$

$$\frac{\partial F}{\partial x_2}=\begin{cases}2x_2, & x_2\geqslant 1\\ 2x_2+2\sigma(x_2-1), & x_2<1\end{cases}$$

由极值条件 $\partial F/\partial x_1 = 0$，$\partial F/\partial x_2 = 0$，可得：

$$\boldsymbol{x}_\sigma = \begin{bmatrix} x_1 \\ x_2 \end{bmatrix} = \begin{bmatrix} 1 \\ \dfrac{\sigma}{1+\sigma} \end{bmatrix}$$

令 $\sigma \to +\infty$，则

$$\boldsymbol{x}_\sigma \to \bar{\boldsymbol{x}} = [1,1]^{\mathrm{T}}$$

在例 5.2.1 中，罚函数 $F(\boldsymbol{x},\sigma)$ 的定义为

$$F(\boldsymbol{x},\sigma) = \begin{cases} (x_1-1)^2 + x_2^2, & x_2 \geqslant 1 \\ (x_1-1)^2 + x_2^2 + \sigma(x_2-1)^2, & x_2 < 1 \end{cases}$$

罚函数 $F(\boldsymbol{x},\sigma)$ 的等值线如图 5.3 所示。

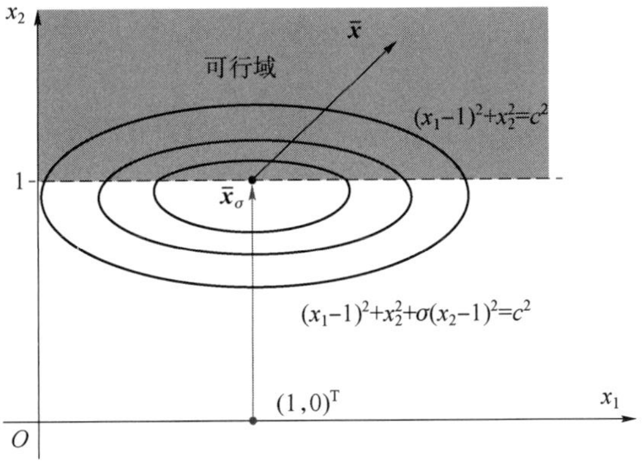

图 5.3 罚函数 $F(\boldsymbol{x},\sigma)$ 的等值线（附彩图）

可见，无约束问题的最优解 $\bar{\boldsymbol{x}}_\sigma$ 是从可行域外部趋向 $\bar{\boldsymbol{x}}$ 的，因此 $F(\boldsymbol{x},\sigma)$ 也称为外点罚函数，相应的最优化方法称为外点罚函数法，简称外点法。

罚因子 σ 的选择十分重要。如果 σ 过大，则给罚函数的极小化增加计算上的困难；如果 σ 太小，则罚函数的极小值点远离约束问题的最优解。一般策略是取一个趋向无穷大的严格递增正序列 $\{\sigma_k\}$，从 σ_1 开始，依次求解

$$\min\ f(\boldsymbol{x}) + \sigma_k P(\boldsymbol{x}) \tag{5.21}$$

从而得到一个极小值点的序列 $\{\boldsymbol{x}_{\sigma_k}\}$。这样通过求解一系列无约束问题来获得约束问题最优解的方法称为序列罚函数法，又称序列无约束极小化方法（sequential unconstrained minimization technique，SUMT）。

序列罚函数法计算步骤如下：

第 1 步，给定初始点 $\boldsymbol{x}^{(0)}$，初始罚因子 σ_1，放大系数 $c > 1$，误差 $\varepsilon > 0$，置 $k = 1$。

第 2 步，以 $\boldsymbol{x}^{(k-1)}$ 为初点，求解无约束问题

$$\min\ f(\boldsymbol{x}) + \sigma_k P(\boldsymbol{x})$$

设其极小值点为 $\boldsymbol{x}^{(k)}$。

第3步，若$\sigma_k P(\boldsymbol{x}) < \varepsilon$，则停止计算，得到$\boldsymbol{x}^{(k)}$；否则，令$\sigma_{k+1} = c\sigma_k$，$k = k+1$，返回第2步。

【定理5.2.1】收敛性定理：设$0 < \sigma_k < \sigma_{k+1}$，$\boldsymbol{x}^{(k)}$和$\boldsymbol{x}^{(k+1)}$分别为取罚因子$\sigma_k$及$\sigma_{k+1}$时无约束问题的全局极小值点，则下列结论成立：

（1）$F(\boldsymbol{x}^{(k)}, \sigma_k) \leqslant F(\boldsymbol{x}^{(k+1)}, \sigma_{k+1})$；

（2）$P(\boldsymbol{x}^{(k)}) \geqslant P(\boldsymbol{x}^{(k+1)})$；

（3）$f(\boldsymbol{x}^{(k)}) \leqslant f(\boldsymbol{x}^{(k+1)})$。

证明　由于$\boldsymbol{x}^{(k)}$是罚因子σ_k对应的全局极小值点，可知

$$\begin{aligned} F(\boldsymbol{x}^{(k)}, \sigma_k) &= f(\boldsymbol{x}^{(k)}) + \sigma_k P(\boldsymbol{x}^{(k)}) \\ &\leqslant f(\boldsymbol{x}^{(k+1)}) + \sigma_k P(\boldsymbol{x}^{(k+1)}) \end{aligned} \tag{5.22}$$

由于$0 < \sigma_k < \sigma_{k+1}$，易知

$$\sigma_k P(\boldsymbol{x}^{(k+1)}) \leqslant \sigma_{k+1} P(\boldsymbol{x}^{(k+1)}) \tag{5.23}$$

将式（5.23）与式（5.22）相结合，可得

$$F(\boldsymbol{x}^{(k)}, \sigma_k) \leqslant f(\boldsymbol{x}^{(k+1)}) + \sigma_{k+1} P(\boldsymbol{x}^{(k+1)}) = F(\boldsymbol{x}^{(k+1)}, \sigma_{k+1}) \tag{5.24}$$

即

$$F(\boldsymbol{x}^{(k)}, \sigma_k) \leqslant F(\boldsymbol{x}^{(k+1)}, \sigma_{k+1}) \tag{5.25}$$

由于$\boldsymbol{x}^{(k+1)}$是罚因子σ_{k+1}对应的全局极小值点，可知

$$f(\boldsymbol{x}^{(k+1)}) + \sigma_{k+1} P(\boldsymbol{x}^{(k+1)}) \leqslant f(\boldsymbol{x}^{(k)}) + \sigma_{k+1} P(\boldsymbol{x}^{(k)}) \tag{5.26}$$

将式（5.26）与式（5.22）相减，可得

$$(\sigma_{k+1} - \sigma_k) P(\boldsymbol{x}^{(k)}) \geqslant (\sigma_{k+1} - \sigma_k) P(\boldsymbol{x}^{(k+1)}) \tag{5.27}$$

由于$\sigma_{k+1} - \sigma_k > 0$，从而可得

$$P(\boldsymbol{x}^{(k)}) \geqslant P(\boldsymbol{x}^{(k+1)}) \tag{5.28}$$

根据结论(2)可知

$$-\sigma_k P(\boldsymbol{x}^{(k)}) \leqslant -\sigma_k P(\boldsymbol{x}^{(k+1)}) \tag{5.29}$$

将式（5.29）与式（5.22）相加，可得

$$f(\boldsymbol{x}^{(k)}) \leqslant f(\boldsymbol{x}^{(k+1)}) \tag{5.30}$$

5.2.2　内点罚函数法

内点罚函数法适用于下列只有不等式约束的问题：

$$\begin{aligned} &\min\ f(\boldsymbol{x}) \\ &\text{s.t.}\ \ g_i(\boldsymbol{x}) \leqslant 0, \quad i = 1,2,\cdots,m \end{aligned} \tag{5.31}$$

式中，$f(\boldsymbol{x}), g(\boldsymbol{x})$是连续函数；可行域记作$S = \{\boldsymbol{x} \mid g_i(\boldsymbol{x}) \leqslant 0,\ i = 1,2,\cdots,m\}$。

保持迭代点位于可行域内部的方法是定义障碍函数：

$$G(\boldsymbol{x},r)=f(\boldsymbol{x})+rB(\boldsymbol{x}) \tag{5.32}$$

式中，r 为很小的正数；$B(\boldsymbol{x})$ 为连续函数。

当 $\boldsymbol{x}\to S$ 边界时，$B(\boldsymbol{x})\to+\infty$。$B(\boldsymbol{x})$ 的两种重要形式为

$$B(\boldsymbol{x})=-\sum_{i=1}^{m}\frac{1}{g_i(\boldsymbol{x})} \tag{5.33}$$

以及

$$B(\boldsymbol{x})=\sum_{i=1}^{m}\log\left(-\frac{1}{g_i(\boldsymbol{x})}\right) \tag{5.34}$$

这样就能把不等式约束问题转换为以下问题：

$$\begin{aligned}&\min\ G(\boldsymbol{x},r)\\&\text{s.t.}\ \ \boldsymbol{x}\in S\end{aligned} \tag{5.35}$$

注意：式（5.35）描述的问题虽然在形式上有约束，但实际上只要初始点选取在可行域内，在迭代求解过程中罚函数会阻止迭代点离开可行域，因此与无约束优化问题处理方式相同，不需要单独考虑式（5.35）的约束满足情况。

例 5.2.2 用内点罚函数法求解下列非线性规划问题：

$$\begin{aligned}&\min\ \ f(\boldsymbol{x})=\frac{1}{12}(x_1+1)^3+x_2\\&\text{s.t.}\ \ -x_1+1\leqslant 0,\ -x_2\leqslant 0\end{aligned}$$

解析 定义障碍函数：

$$G(\boldsymbol{x},r)=\frac{1}{12}(x_1+1)^3+x_2-r\left(\frac{1}{-x_1+1}+\frac{1}{-x_2}\right)$$

用解析法求解 $\min G(\boldsymbol{x},r)$。对障碍函数求偏导数可得：

$$\frac{\partial G}{\partial x_1}=\frac{1}{4}(x_1+1)^2-\frac{r}{(x_1-1)^2}=0$$

$$\frac{\partial G}{\partial x_2}=1-\frac{r}{x_2^2}=0$$

解出

$$\bar{\boldsymbol{x}}_r=[x_1,x_2]^{\mathrm{T}}=\left[\sqrt{1+2\sqrt{r}},\sqrt{r}\right]^{\mathrm{T}}$$

当 $r\to0$ 时，$\boldsymbol{x}_r\to[1,0]^{\mathrm{T}}$。由于 $r>0$，可见 $\boldsymbol{x}_r$ 是从可行域内部趋向 $\bar{\boldsymbol{x}}$ 的，相应的最优化方法称为内点罚函数法，简称内点法。

对于内点罚函数法，也可以按照 SUMT 方法的思想，即采用逐渐趋向无穷小的严格递减正序列 $\{r_k\}$，改进内点法的收敛性。

罚函数法的弊端是随着罚因子趋向其极限（$\sigma_k\to+\infty$ 或者 $r_k\to0$），黑塞矩阵的条件数无限增大，因而越来越病态，给无约束极小化带来很大困难。

5.3 乘 子 法

5.3.1 拉格朗日乘子法

以等式约束问题为例：

$$\min f(\boldsymbol{x}) \tag{5.36}$$
$$\text{s.t. } h_j(\boldsymbol{x})=0,\quad j=1,2,\cdots,l$$

引进拉格朗日乘子向量 $\boldsymbol{\nu}=[v_1,v_2,\cdots,v_l]^{\mathrm{T}}$，建立拉格朗日函数：

$$L(\boldsymbol{x},\boldsymbol{\nu})=f(\boldsymbol{x})+\sum_{j=1}^{l}\nu_j h_j(\boldsymbol{x}) \tag{5.37}$$

拉格朗日乘子法的基本思想：通过求解拉格朗日函数极小值的方式，获得原问题的极小值。

例 5.3.1 求解如下约束问题的最优解：

$$\min\ f(\boldsymbol{x})=x_1^2+3x_1x_2+x_2^2$$
$$\text{s.t. } x_1+x_2-100=0$$

解析 定义拉格朗日函数：

$$L(\boldsymbol{x},\boldsymbol{\nu})=x_1^2+3x_1x_2+x_2^2+\nu(x_1+x_2-100)$$

通过求偏导方法求解拉格朗日乘子法的极值。拉格朗日函数的偏导数为

$$\frac{\partial L(\boldsymbol{x},\boldsymbol{\nu})}{\partial x_1}=2x_1+3x_2+\nu=0$$

$$\frac{\partial L(\boldsymbol{x},\boldsymbol{\nu})}{\partial x_2}=3x_1+2x_2+\nu=0$$

$$\frac{\partial L(\boldsymbol{x},\boldsymbol{\nu})}{\partial \nu}=x_1+x_2-100=0$$

求解该方程组可得到最优解

$$\boldsymbol{x}^*=[50,50]^{\mathrm{T}}$$
$$\boldsymbol{\nu}^*=-250$$

拉格朗日乘子法的主要缺陷是拉格朗日函数的极小值点可能是不存在的。

例 5.3.2 求解如下约束问题的最优解：

$$\min\ f(\boldsymbol{x})=x_1^2-3x_2-x_2^2$$
$$\text{s.t. } x_2=0$$

解析 定义拉格朗日函数

$$L(\boldsymbol{x},\boldsymbol{\nu})=f(\boldsymbol{x})+\nu h(\boldsymbol{x})=x_1^2+(\nu-3)x_2-x_2^2$$

对于任何 ν，函数 $L(\boldsymbol{x},\boldsymbol{\nu})$ 关于 $\boldsymbol{x}$ 的极小值点是不存在的，因而乘子法失效。

5.3.2　广义乘子法(等式约束)

广义乘子法又称增广乘子法、乘子罚函数法。首先介绍只有等式约束的广义乘子法。考虑只有等式约束的问题：

$$\min f(\boldsymbol{x}) \qquad (5.38)$$

$$\text{s.t.}\ \ h_j(\boldsymbol{x}) = 0,\quad j = 1,2,\cdots,l$$

定义增广拉格朗日函数（乘子罚函数）：

$$\phi(\boldsymbol{x},\boldsymbol{\nu},\sigma) = f(\boldsymbol{x}) + \sum_{j=1}^{l}\nu_j h_j(\boldsymbol{x}) + \frac{\sigma}{2}\sum_{j=1}^{l}h_j^2(\boldsymbol{x})$$

$$= f(\boldsymbol{x}) + \boldsymbol{\nu}^{\mathrm{T}}\boldsymbol{h}(\boldsymbol{x}) + \frac{\sigma}{2}\boldsymbol{h}(\boldsymbol{x})^{\mathrm{T}}\boldsymbol{h}(\boldsymbol{x}) \qquad (5.39)$$

式中，$\sigma > 0$，$\boldsymbol{\nu} = [\nu_1,\nu_2,\cdots,\nu_l]^{\mathrm{T}}$；$\boldsymbol{h}(\boldsymbol{x}) = [h_1(\boldsymbol{x}),h_2(\boldsymbol{x}),\cdots,h_l(\boldsymbol{x})]^{\mathrm{T}}$。

广义乘子法的基本思想是 $\phi(\boldsymbol{x},\boldsymbol{\nu},\sigma)$ 与前述的罚函数以及拉格朗日函数具有不同的性态，只要取足够大的罚因子（不必趋向于无穷大），就可以通过求解 $\phi(\boldsymbol{x},\boldsymbol{\nu},\sigma)$ 的无约束极小值点得到原始问题的最优解。

【定理 5.3.1】 设 $\boldsymbol{x}^*$ 和 $\boldsymbol{\nu}^*$ 满足原始问题的局部最优解的二阶充分条件，则存在 $\sigma' \geqslant 0$，使得对所有的 $\sigma \geqslant \sigma'$，$\boldsymbol{x}^*$ 是 $\phi(\boldsymbol{x},\boldsymbol{\nu}^*,\sigma)$ 的严格局部极小值点；反之，若存在点 $\boldsymbol{x}^*$，使得 $h_j(\boldsymbol{x}^*) = 0,\ j = 1,2,\cdots,l$，且对于某个 $\boldsymbol{\nu}^*$，$\boldsymbol{x}^*$ 是 $\phi(\boldsymbol{x},\boldsymbol{\nu}^*,\sigma)$ 的无约束极小值点又满足极小值点的二阶充分条件，则 $\boldsymbol{x}^*$ 是原始问题的严格局部最优解。

例 5.3.3　求约束问题的最优解：

$$\min\ \ f(\boldsymbol{x}) = x_1^2 - 3x_2 - x_2^2$$

$$\text{s.t.}\ \ x_2 = 0$$

解析　定义增广拉格朗日函数

$$\phi(\boldsymbol{x},\boldsymbol{\nu},\sigma) = f(\boldsymbol{x}) + \boldsymbol{\nu}\boldsymbol{h}(\boldsymbol{x}) + \frac{\sigma}{2}[\boldsymbol{h}(\boldsymbol{x})]^{\mathrm{T}}\boldsymbol{h}(\boldsymbol{x}) = x_1^2 + (\nu - 3)x_2 + \frac{\sigma - 2}{2}x_2^2$$

当 $\sigma \geqslant 2$ 时，函数 $\phi(\boldsymbol{x},\boldsymbol{\nu},\sigma)$ 的极小值点存在的。求极值点可解出

$$x_1 = 0,\ x_2 = 0,\ \nu = 3$$

对于复杂一些的问题，很难通过解析求偏导数的方式寻找极值点，而是需要采用迭代法求解。因此需要建立乘子向量 $\boldsymbol{\nu}$ 的估算方法。

设在第 k 次迭代中，拉格朗日乘子向量的估计为 $\boldsymbol{\nu}^{(k)}$，罚因子取 σ，得到 $\phi(\boldsymbol{x}^{(k)},\boldsymbol{\nu}^{(k)},\sigma)$ 的极小值点 $\boldsymbol{x}^{(k)}$，这时有

$$\nabla\phi(\boldsymbol{x}^{(k)},\boldsymbol{\nu}^{(k)},\sigma) = \nabla f(\boldsymbol{x}^{(k)}) + \sum_{j=1}^{l}(\nu_j^{(k)} + \sigma h_j(\boldsymbol{x}^{(k)}))\nabla h_j(\boldsymbol{x}^{(k)}) = \boldsymbol{0} \qquad (5.40)$$

对于原始问题的最优解 $\boldsymbol{x}^*$，当 $\nabla h_1(\boldsymbol{x}^*),\nabla h_2(\boldsymbol{x}^*),\cdots,\nabla h_l(\boldsymbol{x}^*)$ 线性无关时，满足

$$\nabla f(\boldsymbol{x}^*)+\sum_{j=1}^{l}\nu_j^*\ \nabla h_j(\boldsymbol{x}^*)=\mathbf{0} \tag{5.41}$$

假如 $\boldsymbol{x}^{(k)}=\boldsymbol{x}^*$，则必有 $\nu_j^*=\nu_j^{(k)}+\sigma h_j(\boldsymbol{x}^{(k)})$。在迭代过程中，$\boldsymbol{x}^{(k)}\neq\boldsymbol{x}^*$，因此这个等式并不成立，但是由此可以给出修正乘子向量 $\boldsymbol{\nu}$ 的方法：

$$\nu_j^{(k+1)}=\nu_j^{(k)}+\sigma h_j(\boldsymbol{x}^{(k)}),\quad j=1,2,\cdots,l \tag{5.42}$$

如果 $\{\boldsymbol{\nu}^{(k)}\}$ 不收敛，或者收敛太慢，则先增大参数 σ，再进行迭代。

综上所述，对于等式约束问题，广义乘子法的计算步骤如下：

第 1 步，给定初始点 $\boldsymbol{x}^{(0)}$，乘子向量初始估计 $\boldsymbol{\nu}^{(0)}$，参数 σ，允许误差在 $\varepsilon>0$，约束收敛因子 $\beta<1$，放大系数 $c>1$，置 $k=1$。

第 2 步，以 $\boldsymbol{x}^{(k-1)}$ 为初始点，求解无约束问题

$$\min\ \phi(\boldsymbol{x},\boldsymbol{\nu}^{(k)},\sigma)$$

得到其解为 $\boldsymbol{x}^{(k)}$。

第 3 步，若 $\|\boldsymbol{h}(\boldsymbol{x})\|_2<\varepsilon$，则停止计算，得到 $\boldsymbol{x}^{(k)}$；否则，转至第 4 步。

第 4 步，若 $\dfrac{\|\boldsymbol{h}(\boldsymbol{x}^{(k)})\|_2}{\|\boldsymbol{h}(\boldsymbol{x}^{(k-1)})\|_2}\geqslant\beta$，则置 $\sigma=c\cdot\sigma$，然后转至第 5 步；否则，转至第 5 步。

第 5 步，通过 $\nu_j^{(k+1)}=\nu_j^{(k)}+\sigma h_j(\boldsymbol{x}^{(k)})$，$j=1,2,\cdots,l$，置 $k=k+1$，返回第 2 步。

例 5.3.4 用广义乘子法求解下列问题：

$$\min\quad f(\boldsymbol{x})=2x_1^2+x_2^2-2x_1x_2$$
$$\text{s.t.}\ \ h(\boldsymbol{x})=x_1+x_2-1=0$$

解析 定义增广拉格朗日函数

$$\phi(\boldsymbol{x},\boldsymbol{\nu},\sigma)=2x_1^2+x_2^2-2x_1x_2+\nu_1(x_1+x_2-1)+\frac{\sigma}{2}(x_1+x_2-1)^2$$

取罚因子 $\sigma=2$，令拉格朗日乘子的初始估计 $\boldsymbol{\nu}^{(0)}=1$，采用解析法求 $\phi(\boldsymbol{x},\boldsymbol{\nu},\sigma)$ 的最优解。容易求得 $\phi(\boldsymbol{x},\boldsymbol{\nu}^{(k)},\sigma)$ 的极小点为

$$x_1^{(k)}=\frac{2(\sigma-\nu_1^{(k)})}{5\sigma+2},\ x_2^{(k)}=\frac{3(\sigma-\nu_1^{(k)})}{5\sigma+2}$$

通过修正 $\nu_1^{(k)}$ 求 $\nu_1^{(k+1)}$：

$$\nu_1^{(k+1)}=\nu_1^{(k)}+\sigma h(\boldsymbol{x}^{(k)})=\nu_1^{(k)}+\sigma\left(\frac{2(\sigma-\nu_1^{(k)})}{5\sigma+2}+\frac{3(\sigma-\nu_1^{(k)})}{5\sigma+2}-1\right)$$

当 $k\to+\infty$ 时，序列 $\{\nu_1^{(k)}\}$ 收敛：

$$\lim_{k\to\infty}\nu_1^{(k)}=-\frac{2}{5}$$

据此可进一步得到

$$x_1^{(k)} \to \frac{2}{5},\quad x_2^{(k)} \to \frac{3}{5}$$

5.3.3　广义乘子法(不等式约束)

考虑只有不等式约束的问题：

$$\min f(\boldsymbol{x}) \tag{5.43}$$
$$\text{s.t. } g_i(\boldsymbol{x}) \leqslant 0,\quad i=1,2,\cdots,m$$

为利用关于等式约束问题所得到的结果，引入变量 y_i，把不等式约束问题转化为等式约束问题：

$$\min f(\boldsymbol{x}) \tag{5.44}$$
$$\text{s.t. } g_i(\boldsymbol{x})+y_i^2=0,\ i=1,2,\cdots,m$$

定义增广拉格朗日函数（乘子罚函数）：

$$\bar{\phi}(\boldsymbol{x},\boldsymbol{y},\boldsymbol{\omega},\sigma)=f(\boldsymbol{x})+\sum_{i=1}^{m}\omega_i\cdot(g_i(\boldsymbol{x})+y_i^2)+\frac{\sigma}{2}\sum_{i=1}^{m}(g_i(\boldsymbol{x})+y_i^2)^2 \tag{5.45}$$

式中，$\boldsymbol{y}=[y_1,y_2,\cdots,y_m]^{\mathrm{T}}$；$\boldsymbol{\omega}=[\omega_1,\omega_2,\cdots,\omega_m]^{\mathrm{T}}$。

从而把问题转化为求解如下问题：

$$\min \bar{\phi}(\boldsymbol{x},\boldsymbol{y},\boldsymbol{\omega},\sigma) \tag{5.46}$$

为了求解 $\min \bar{\phi}(\boldsymbol{x},\boldsymbol{y},\boldsymbol{\omega},\sigma)$，首先将 $\bar{\phi}(\boldsymbol{x},\boldsymbol{y},\boldsymbol{\omega},\sigma)$ 关于 $\boldsymbol{y}$ 求极小值，由此解出 $\boldsymbol{y}$，然后将其转化为只关于 $\boldsymbol{x}$ 求极小值的问题。为此，求解如下问题：

$$\min_{y} \bar{\phi}(\boldsymbol{x},\boldsymbol{y},\boldsymbol{\omega},\sigma) \tag{5.47}$$

采用配方法将其化简：

$$\begin{aligned}
\bar{\phi}(\boldsymbol{x},\boldsymbol{y},\boldsymbol{\omega},\sigma) &= f(\boldsymbol{x})+\sum_{i=1}^{m}\left[\omega_i(g_i(\boldsymbol{x})+y_i^2)+\frac{\sigma}{2}(g_i(\boldsymbol{x})+y_i^2)^2\right]\\
&= f(\boldsymbol{x})+\frac{\sigma}{2}\sum_{i=1}^{m}\left[(g_i(\boldsymbol{x})+y_i^2)^2+\frac{2}{\sigma}\omega_i(g_i(\boldsymbol{x})+y_i^2)\right]\\
&= f(\boldsymbol{x})+\frac{\sigma}{2}\sum_{i=1}^{m}\left[(y_i^2)^2+2g_i(\boldsymbol{x})y_i^2+g_i^2(\boldsymbol{x})+\frac{2}{\sigma}\omega_i g_i(\boldsymbol{x})+\frac{2}{\sigma}\omega_i y_i^2\right]\\
&= f(\boldsymbol{x})+\frac{\sigma}{2}\sum_{i=1}^{m}\left[(y_i^2)^2+2\left(g_i(\boldsymbol{x})+\frac{\omega_i}{\sigma}\right)y_i^2+\left(g_i(\boldsymbol{x})+\frac{\omega_i}{\sigma}\right)^2-\left(\frac{\omega_i}{\sigma}\right)^2\right]\\
&= f(\boldsymbol{x})+\frac{\sigma}{2}\sum_{i=1}^{m}\left\{\left[y_i^2+\left(\frac{\omega_i}{\sigma}+g_i(\boldsymbol{x})\right)\right]^2-\left(\frac{\omega_i}{\sigma}\right)^2\right\}
\end{aligned} \tag{5.48}$$

即

$$\bar{\phi}(\boldsymbol{x},\boldsymbol{y},\boldsymbol{\omega},\sigma)=f(\boldsymbol{x})+\frac{\sigma}{2}\sum_{i=1}^{m}\left\{\left[y_i^2+\left(\frac{\omega_i}{\sigma}+g_i(\boldsymbol{x})\right)\right]^2-\left(\frac{\omega_i}{\sigma}\right)^2\right\} \tag{5.49}$$

为了使 $\bar{\phi}$ 关于 y_i 取极小值，y_i 取值如下：

$$y_i^2 = \begin{cases} -\left(\dfrac{\omega_i}{\sigma} + g_i(\boldsymbol{x})\right), & \dfrac{\omega_i}{\sigma} + g_i(\boldsymbol{x}) \leqslant 0 \\ 0, & \dfrac{\omega_i}{\sigma} + g_i(\boldsymbol{x}) > 0 \end{cases}$$

即

$$y_i^2 = \frac{1}{\sigma}\max(0,\ -(\omega_i + \sigma g_i(\boldsymbol{x}))) \tag{5.50}$$

得到增广拉格朗日函数：

$$\phi(\boldsymbol{x},\boldsymbol{\omega},\sigma) = f(\boldsymbol{x}) + \frac{1}{2\sigma}\sum_{i=1}^{m}\{[\max(0,\omega_i + \sigma g_i(\boldsymbol{x}))]^2 - \omega_i^2\} \tag{5.51}$$

从而将原始问题转化为无约束问题：

$$\min\ \phi(\boldsymbol{x},\boldsymbol{\omega},\sigma) \tag{5.52}$$

为了得到乘子向量 $\boldsymbol{\omega}$ 的估算方法，对 $\phi(\boldsymbol{x},\boldsymbol{\omega},\sigma)$ 求导得到：

$$\nabla\phi(\boldsymbol{x},\boldsymbol{\omega},\sigma) = \nabla f(\boldsymbol{x}) + \sum_{i=1}^{m}[\max(0,\omega_i + \sigma g_i(\boldsymbol{x}))]\nabla g_i(\boldsymbol{x}) \tag{5.53}$$

在最优解 $\boldsymbol{x} = \boldsymbol{x}^*$ 处，满足必要条件

$$\begin{cases} \nabla f(\boldsymbol{x}^*) + \sum\limits_{i=1}^{m}\omega_i^*\ \nabla g_i(\boldsymbol{x}^*) = \boldsymbol{0} \\ \omega_i^* g_i(\boldsymbol{x}^*) = 0,\ \omega_i^* \geqslant 0,\ i = 1,2,\cdots,m \end{cases} \tag{5.54}$$

据此可构造迭代中的乘子 $\omega_i^{(k+1)}$ 的修正公式如下：

$$\omega_i^{(k+1)} = \max(0,\omega_i^{(k)} + \sigma g_i(\boldsymbol{x}^{(k)})),\quad i = 1,2,\cdots,m \tag{5.55}$$

对于既含有不等式约束又含有等式约束的问题：

$$\begin{aligned} &\min\ f(\boldsymbol{x}) \\ &\text{s.t.}\ \ g_i(\boldsymbol{x}) \leqslant 0,\quad i = 1,2,\cdots,m \\ &\qquad\ h_j(\boldsymbol{x}) = 0,\quad j = 1,2,\cdots,l \end{aligned} \tag{5.56}$$

定义增广拉格朗日函数：

$$\begin{aligned} \phi(\boldsymbol{x},\boldsymbol{\omega},\boldsymbol{\nu},\sigma) = f(\boldsymbol{x}) + \frac{1}{2\sigma}\sum_{i=1}^{m}\{[\max(0,\omega_i + \sigma g_i(\boldsymbol{x}))]^2 - \omega_i^2\} + \\ \sum_{j=1}^{l}\nu_j h_j(\boldsymbol{x}) + \frac{\sigma}{2}\sum_{j=1}^{l}h_j^2(\boldsymbol{x}) \end{aligned} \tag{5.57}$$

迭代中的乘子 $\boldsymbol{\omega}_i^{(k+1)}$ 和 $\boldsymbol{\nu}_i^{(k+1)}$ 的修正公式如下：

$$\begin{cases} \boldsymbol{\omega}_i^{(k+1)} = \max(0,\boldsymbol{\omega}_i^{(k)} + \sigma g_i(\boldsymbol{x}^{(k)})), & i = 1,2,\cdots,m \\ \boldsymbol{\nu}_j^{(k+1)} = \boldsymbol{\nu}_j^{(k)} + \sigma h_j(\boldsymbol{x}^{(k)}), & j = 1,2,\cdots,l \end{cases} \tag{5.58}$$

例 5.3.5　用广义乘子法求解下列问题：

$$\min\ f(\boldsymbol{x}) = x_1^2 + 2x_2^2$$
$$\text{s.t.}\ -x_1 - x_2 + 1 \leqslant 0$$

解析　增广拉格朗日函数为

$$\phi(\boldsymbol{x},\boldsymbol{\omega},\sigma) = x_1^2 + 2x_2^2 + \frac{1}{2\sigma}\{[\max(0,\omega + \sigma(-x_1 - x_2 + 1))]^2 - \omega^2\}$$
$$= \begin{cases} x_1^2 + 2x_2^2 + \dfrac{1}{2\sigma}\{[\omega + \sigma(-x_1 - x_2 + 1)]^2 - \omega^2\}, & \omega + \sigma(-x_1 - x_2 + 1) \geqslant 0 \\ x_1^2 + 2x_2^2 - \dfrac{\omega^2}{2\sigma}, & \omega + \sigma(-x_1 - x_2 + 1) < 0 \end{cases} \tag{5.59}$$

取 $\sigma = 2$，$\omega^{(1)} = 1$，采用解析法求 $\phi(\boldsymbol{x},\boldsymbol{\omega},\sigma)$ 的最优解。

首先，求其偏导数：

$$\frac{\partial\phi}{\partial x_1} = \begin{cases} 2x_1 - [\omega + \sigma(-x_1 - x_2 + 1)], & \omega + \sigma(-x_1 - x_2 + 1) \geqslant 0 \\ 2x_1, & \omega + \sigma(-x_1 - x_2 + 1) < 0 \end{cases}$$

$$\frac{\partial\phi}{\partial x_2} = \begin{cases} 4x_2 - [\omega + \sigma(-x_1 - x_2 + 1)], & \omega + \sigma(-x_1 - x_2 + 1) \geqslant 0 \\ 4x_2, & \omega + \sigma(-x_1 - x_2 + 1) < 0 \end{cases}$$

令

$$\frac{\partial\phi}{\partial x_1} = 0, \quad \frac{\partial\phi}{\partial x_2} = 0$$

可解出 $\phi(\boldsymbol{x},\boldsymbol{\omega},\sigma)$ 的无约束极小值点：

$$x_1 = \frac{2(\omega + \sigma)}{4 + 3\sigma}, \quad x_2 = \frac{\omega + \sigma}{4 + 3\sigma}$$

将 $\sigma = 2$，$\omega^{(1)} = 1$ 代入，可得到 $\phi(\boldsymbol{x},\omega^{(1)},\sigma)$ 的极小值点：

$$\boldsymbol{x}^{(1)} = [x_1^{(1)}, x_2^{(1)}]^{\mathrm{T}} = \left[\frac{3}{5},\frac{3}{10}\right]^{\mathrm{T}}$$

然后，修正 $\omega^{(1)}$，令

$$\omega^{(2)} = \max(0,\omega^{(1)} + \sigma g_i(\boldsymbol{x}^{(1)})) = \max\left(0,1 + 2\left(-\frac{3}{5} - \frac{3}{10} + 1\right)\right) = \frac{6}{5}$$

求得 $\phi(\boldsymbol{x},\omega^{(2)},\sigma)$ 的极小值点：

$$\boldsymbol{x}^{(2)} = [x_1^{(2)}, x_2^{(2)}]^{\mathrm{T}} = \left[\frac{16}{25},\frac{8}{25}\right]^{\mathrm{T}}$$

继续迭代，$\omega^{(k)}$ 的迭代格式为

$$
\begin{aligned}
\omega^{(k+1)} &= \omega^{(k)} + \sigma g_i(\boldsymbol{x}^{(k)}) \\
&= \omega^{(k)} + \sigma\left(-\frac{2(\omega^{(k)}+\sigma)}{4+3\sigma} - \frac{\omega^{(k)}+\sigma}{4+3\sigma} + 1\right) \\
&= \omega^{(k)} + \sigma\left(\frac{4-3\omega^{(k)}}{4+3\sigma}\right)
\end{aligned}
$$

假设 $\omega^{(k)}$ 极限存在，解出

$$
\lim_{k\to\infty} \omega^{(k)} = \frac{4}{3}
$$

因此，当 $k \to +\infty$ 时，

$$
x_1^{(k)} = \frac{2(\omega+\sigma)}{4+3\sigma} \to \frac{2}{3}, \quad x_2 = \frac{\omega+\sigma}{4+3\sigma} \to \frac{1}{3}
$$

5.4 可行方向法

5.4.1 线性约束

考虑线性约束问题：

$$
\begin{aligned}
&\min f(\boldsymbol{x}) \\
&\text{s. t. } \boldsymbol{Ax} \leqslant \boldsymbol{b},\ \boldsymbol{Ex} = \boldsymbol{e}
\end{aligned}
\tag{5.60}
$$

式中，$\boldsymbol{A}$ 为 $m \times n$ 矩阵；$\boldsymbol{E}$ 为 $l \times n$ 矩阵；$\boldsymbol{x} \in \mathbf{R}^n$；$\boldsymbol{b}$ 和 $\boldsymbol{e}$ 分别为 m 维和 l 维列向量。

【定理5.4.1】 设 $\hat{\boldsymbol{x}}$ 是式（5.60）所述问题的可行解，且在点 $\hat{\boldsymbol{x}}$ 处有 $\boldsymbol{A}_1\hat{\boldsymbol{x}} = \boldsymbol{b}_1$，$\boldsymbol{A}_2\hat{\boldsymbol{x}} < \boldsymbol{b}_2$，其中，

$$
\boldsymbol{A} = \begin{bmatrix} \boldsymbol{A}_1 \\ \boldsymbol{A}_2 \end{bmatrix}, \quad \boldsymbol{b} = \begin{bmatrix} \boldsymbol{b}_1 \\ \boldsymbol{b}_2 \end{bmatrix}
$$

则非零向量 $\boldsymbol{d}$ 为 $\hat{\boldsymbol{x}}$ 处的可行方向的充要条件是 $\boldsymbol{A}_1\boldsymbol{d} \leqslant \boldsymbol{0}$，$\boldsymbol{Ed} = \boldsymbol{0}$。

证明 先证明必要性(若 $\boldsymbol{d}$ 为可行方向，那么 $\boldsymbol{A}_1\boldsymbol{d} \leqslant \boldsymbol{0}$，$\boldsymbol{Ed} = \boldsymbol{0}$)。

假设非零向量 $\boldsymbol{d}$ 是可行解 $\hat{\boldsymbol{x}}$ 处的可行方向，那么存在正数 $\sigma > 0$，使得对每个 $\lambda \in (0, \sigma)$，有 $\hat{\boldsymbol{x}} + \lambda\boldsymbol{d}$ 为可行点，即

$$
\begin{cases}
\boldsymbol{A}(\hat{\boldsymbol{x}} + \lambda\boldsymbol{d}) \leqslant \boldsymbol{b} \\
\boldsymbol{E}(\hat{\boldsymbol{x}} + \lambda\boldsymbol{d}) = \boldsymbol{e}
\end{cases}
\tag{5.61}
$$

对于式（5.61）的第 2 个约束，由于 $\boldsymbol{E}\hat{\boldsymbol{x}} = \boldsymbol{e}$，显然 $\boldsymbol{Ed} = \boldsymbol{0}$。

由式（5.61）的第 1 个约束可得

$$A(\hat{x}+\lambda d)=\begin{bmatrix}A_1\\A_2\end{bmatrix}(\hat{x}+\lambda d)=\begin{bmatrix}b_1+\lambda A_1 d\\A_2\hat{x}+\lambda A_2 d\end{bmatrix}\leqslant\begin{bmatrix}b_1\\b_2\end{bmatrix} \tag{5.62}$$

由于 $\lambda>0$，因此$A_1d\leqslant 0$(必要性证毕)。

再证明充分性(若$A_1d\leqslant 0$，$Ed=0$，那么 d 为可行方向)。

设$A_1d\leqslant 0$，$Ed=0$。由于$A_2\hat{x}<b_2$，则存在正数 σ，使得对于 $\lambda\in(0,\sigma)$，

$$A_2(\hat{x}+\lambda d)\leqslant b_2 \tag{5.63}$$

成立。

由于$A_1\hat{x}=b_1$，$A_1d\leqslant 0$，因而

$$A_1(\hat{x}+\lambda d)\leqslant b_1 \tag{5.64}$$

将上述两个不等式合并，可得

$$A(\hat{x}+\lambda d)\leqslant b \tag{5.65}$$

由 $E\hat{x}=e$ 及 $Ed=0$ 可知

$$E(\hat{x}+\lambda d)=e \tag{5.66}$$

因此，$\hat{x}+\lambda d$ 是可行点，即 d 是可行方向。

图 5.4 给出 $\hat{x}$ 处的可行方向示意图，其中的箭头方向均为可行方向。

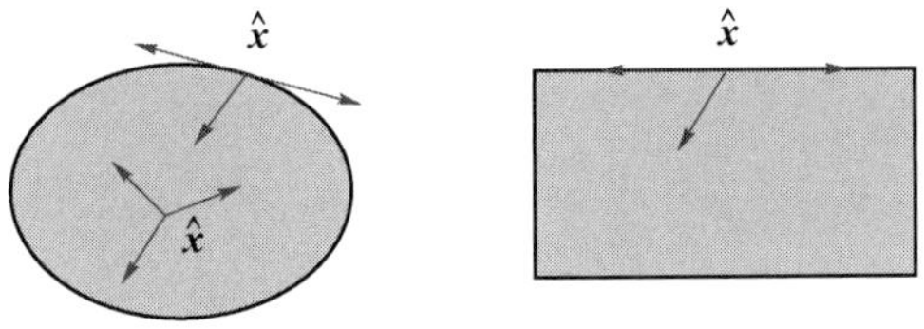

图 5.4　可行方向示意图（附彩图）

如果非零向量 d 满足$\nabla f(\hat{x})^{\mathrm{T}}d<0$，$A_1d\leqslant 0$，$Ed=0$，则 d 是 $\hat{x}$ 处下降的可行方向。因此，可行方向法把确定搜索方向归结为求解线性规划：

$$\begin{aligned}&\min\ \nabla f(x)^{\mathrm{T}}d\\&\text{s.t.}\ A_1d\leqslant 0\\&\qquad Ed=0\\&\qquad |d_i|\leqslant 1,\ i=1,2,\cdots,n\end{aligned} \tag{5.67}$$

如果目标函数$\nabla f(\hat{x})^{\mathrm{T}}d$ 的最优值小于零，则得到下降的可行方向 d；否则，即$\nabla f(\hat{x})^{\mathrm{T}}d$ 的最优值为零，则 x 是 KKT 点(最优解必要条件)。

确定搜索方向后，可以通过求解下列一维搜索问题来确定步长：

$$\begin{aligned}&\min\ f(x^{(k)}+\lambda d^{(k)})\\&\text{s.t.}\ A(x^{(k)}+\lambda d^{(k)})\leqslant b\\&\qquad E(x^{(k)}+\lambda d^{(k)})=e,\ \lambda>0\end{aligned} \tag{5.68}$$

这就是可行方向法的基本思想。由于可行方向法的理论基础由 Zoutendijk 在 20 世纪 60

年代提出，因而可行方向法又称 Zoutendijk 可行方向法。

实际上，式（5.68）描述的一维搜索问题可以进一步简化。一方面，由于 $\boldsymbol{x}^{(k)}$ 是可行解，$\boldsymbol{d}^{(k)}$ 是可行方向，必然有

$$\boldsymbol{E}\boldsymbol{d}^{(k)} = \boldsymbol{0},\ \boldsymbol{E}\boldsymbol{x}^{(k)} = \boldsymbol{e} \tag{5.69}$$

因此，式（5.68）的第 2 个约束是多余的，可以去掉。

另一方面，在求解 $\boldsymbol{x}^{(k)}$ 处的可行方向时，已经把不等式约束分区分为起作用约束和不起作用约束，对应的系数矩阵分别记作 $\boldsymbol{A}_1$ 和 $\boldsymbol{A}_2$，即

$$\begin{cases} \boldsymbol{A}_1\boldsymbol{x}^{(k)} = \boldsymbol{b}_1 \\ \boldsymbol{A}_2\boldsymbol{x}^{(k)} < \boldsymbol{b}_2 \end{cases} \tag{5.70}$$

这样，式（5.68）的第 1 个约束又可以改写成

$$\begin{bmatrix} \boldsymbol{A}_1\boldsymbol{x}^{(k)} + \lambda \boldsymbol{A}_1\boldsymbol{d}^{(k)} \\ \boldsymbol{A}_2\boldsymbol{x}^{(k)} + \lambda \boldsymbol{A}_2\boldsymbol{d}^{(k)} \end{bmatrix} \leqslant \begin{bmatrix} \boldsymbol{b}_1 \\ \boldsymbol{b}_2 \end{bmatrix} \tag{5.71}$$

由于 $\boldsymbol{A}_1\boldsymbol{d}^{(k)} \leqslant \boldsymbol{0}$，$\lambda \geqslant 0$ 以及 $\boldsymbol{A}_1\boldsymbol{x}^{(k)} = \boldsymbol{b}_1$，因此 $\boldsymbol{A}_1\boldsymbol{x}^{(k)} + \lambda\boldsymbol{A}_1\boldsymbol{d}^{(k)} \leqslant \boldsymbol{b}_1$ 成立。从而可以将式（5.68）的约束简化为

$$\boldsymbol{A}_2\boldsymbol{x}^{(k)} + \lambda\boldsymbol{A}_2\boldsymbol{d}^{(k)} \leqslant \boldsymbol{b}_2 \tag{5.72}$$

这样，一维搜索问题简化为

$$\begin{aligned} &\min f(\boldsymbol{x}^{(k)} + \lambda\boldsymbol{d}^{(k)}) \\ &\text{s. t. } \boldsymbol{A}_2\boldsymbol{x}^{(k)} + \lambda\boldsymbol{A}_2\boldsymbol{d}^{(k)} \leqslant \boldsymbol{b}_2,\ \lambda \geqslant 0 \end{aligned} \tag{5.73}$$

记 $\hat{\boldsymbol{b}} = \boldsymbol{b}_2 - \boldsymbol{A}_2\boldsymbol{x}^{(k)}$，$\hat{\boldsymbol{d}} = \boldsymbol{A}_2\boldsymbol{d}^{(k)}$，则上式的约束可写为

$$\lambda\hat{\boldsymbol{d}} \leqslant \hat{\boldsymbol{b}},\ \lambda \geqslant 0 \tag{5.74}$$

由此可得到 λ 的上限

$$\lambda_{\max} = \begin{cases} \min\left\{ \dfrac{\hat{b}_i}{\hat{d}_i} \;\middle|\; \hat{d}_i > 0 \right\}, & \hat{d}_i > 0 \\ +\infty, & \hat{\boldsymbol{d}} \leqslant \boldsymbol{0} \end{cases} \tag{5.75}$$

从而，一维搜索问题最终简化为

$$\begin{aligned} &\min f(\boldsymbol{x}^{(k)} + \lambda\boldsymbol{d}^{(k)}) \\ &\text{s. t. } 0 \leqslant \lambda \leqslant \lambda_{\max} \end{aligned} \tag{5.76}$$

为了确定初始可行点，引入人工变量 $\boldsymbol{\xi}$ 和 $\boldsymbol{\eta}$，解辅助线性规划

$$\begin{aligned} &\min \sum_{i=1}^{m} \xi_i + \sum_{i=1}^{m} \eta_i \\ &\text{s. t. } \boldsymbol{A}\boldsymbol{x} + \boldsymbol{\xi} \leqslant \boldsymbol{b} \\ &\qquad \boldsymbol{E}\boldsymbol{x} + \boldsymbol{\eta} = \boldsymbol{e},\ \boldsymbol{\xi} \geqslant \boldsymbol{0},\ \eta \geqslant \boldsymbol{0} \end{aligned} \tag{5.77}$$

如果其最优解 $[\bar{\boldsymbol{x}};\boldsymbol{\xi};\boldsymbol{\eta}] = [\bar{\boldsymbol{x}};\boldsymbol{0};\boldsymbol{0}]$，那么 $\hat{\boldsymbol{x}}$ 就是原始问题的一个可行解。

综上所述，对于线性约束情形，可行方向法的计算步骤如下：

第 1 步，求解辅助线性规划问题或者采用其他方法确定初始点 $\boldsymbol{x}^{(1)}$，置 $k=1$。

第 2 步，在 $\boldsymbol{x}^{(k)}$ 处把 $\boldsymbol{A}$ 和 $\boldsymbol{b}$ 分解为

$$\boldsymbol{A}=\begin{bmatrix}\boldsymbol{A}_1\\ \boldsymbol{A}_2\end{bmatrix},\quad \boldsymbol{b}=\begin{bmatrix}\boldsymbol{b}_1\\ \boldsymbol{b}_2\end{bmatrix}$$

使得 $\boldsymbol{A}_1\boldsymbol{x}^{(k)}=\boldsymbol{b}_1$，$\boldsymbol{A}_2\boldsymbol{x}^{(k)}<\boldsymbol{b}_2$；计算 $\nabla f(\boldsymbol{x}^{(k)})$。

第 3 步，求解线性规划问题：

$$\begin{aligned}&\min\ \nabla f(\boldsymbol{x})^{\mathrm{T}}\boldsymbol{d}\\ &\text{s.t.}\ \ \boldsymbol{A}_1\boldsymbol{d}\leqslant \boldsymbol{0}\\ &\qquad \boldsymbol{E}\boldsymbol{d}=\boldsymbol{0},\ \ |d_i|\leqslant 1,\ i=1,2,\cdots,n\end{aligned}$$

得到最优解 $\boldsymbol{d}^{(k)}$。

第 4 步，若 $\nabla f(\hat{\boldsymbol{x}})^{\mathrm{T}}\boldsymbol{d}=0$，则停止计算，$\boldsymbol{x}^{(k)}$ 为 KKT 点；否则，转到第 5 步。

第 5 步，计算 $\lambda_{\max}$，然后在 $[0,\lambda_{\max}]$ 上作一维搜索

$$\begin{aligned}&\min\ \ f(\boldsymbol{x}^{(k)}+\lambda\boldsymbol{d}^{(k)})\\ &\text{s.t.}\ \ 0\leqslant\lambda\leqslant\lambda_{\max}\end{aligned}$$

得到最优解 λ_k，令 $\boldsymbol{x}^{(k)}=\boldsymbol{x}^{(k)}+\lambda_k\boldsymbol{d}^{(k)}$。

第 6 步，置 $k=k+1$，返回第 2 步。

例 5.4.1　用可行方向法解下列问题：

$$\begin{aligned}&\min\ \ f(\boldsymbol{x})=x_1^2+x_2^2-2x_1-4x_2+6\\ &\text{s.t.}\ \ 2x_1-x_2-1\leqslant 0\\ &\qquad x_1+x_2-2\leqslant 0,\quad x_1,x_2\geqslant 0\end{aligned}$$

解析　取初始可行点 $\boldsymbol{x}^{(1)}=[0,0]^{\mathrm{T}}$。第 1 次迭代，将约束方程写为矩阵形式：

$$\begin{bmatrix}2&-1\\1&1\\-1&0\\0&-1\end{bmatrix}\begin{bmatrix}x_1\\x_2\end{bmatrix}\leqslant\begin{bmatrix}1\\2\\0\\0\end{bmatrix}$$

根据约束是否起作用，将 $\boldsymbol{A}$ 和 $\boldsymbol{b}$ 分解为

$$\boldsymbol{A}_1=\begin{bmatrix}-1&0\\0&-1\end{bmatrix},\ \boldsymbol{A}_2=\begin{bmatrix}2&-1\\1&1\end{bmatrix},\ \boldsymbol{b}_1=\begin{bmatrix}0\\0\end{bmatrix},\ \boldsymbol{b}_2=\begin{bmatrix}1\\2\end{bmatrix}$$

计算 $\nabla f(\boldsymbol{x}^{(1)})=[-2,-4]^{\mathrm{T}}$，求解 $\boldsymbol{x}^{(1)}$ 处的下降可行方向，即求解线性规划问题：

$$\begin{aligned}&\min\ \nabla f(\boldsymbol{x}^{(1)})^{\mathrm{T}}\boldsymbol{d}\\ &\text{s.t.}\ \ \boldsymbol{A}_1\boldsymbol{d}\leqslant\boldsymbol{0},\ \ |d_i|\leqslant 1,\ i=1,2\end{aligned}$$

即

$$\begin{aligned}&\min\ -2d_1-4d_2\\&\text{s.t.}\ \ d_1,d_2\geqslant 0,\ |d_i|\leqslant 1,\ i=1,2\end{aligned}$$

由单纯形法求得最优解 $\boldsymbol{d}^{(1)}=[1,1]^{\mathrm{T}}$。

求一维搜索的步长上限 $\lambda_{\max}$：

$$\hat{\boldsymbol{d}}=\boldsymbol{A}_2\boldsymbol{d}^{(1)}=[1,2]^{\mathrm{T}}$$

$$\hat{\boldsymbol{b}}=\boldsymbol{b}_2-\boldsymbol{A}_2\boldsymbol{x}^{(1)}=[1,2]^{\mathrm{T}}$$

$$\lambda_{\max}=\min\left\{\frac{\hat{b}_i}{\hat{d}_i}\ \middle|\ \hat{d}_i>0\right\}=\min\left\{\frac{1}{1},\ \frac{2}{2}\right\}=1$$

求解一维搜索问题：

$$\begin{aligned}&\min\ f(\boldsymbol{x}^{(1)}+\lambda\boldsymbol{d}^{(1)})=2\lambda^2-6\lambda+6\\&\text{s.t.}\ \ 0\leqslant\lambda\leqslant 1\end{aligned}$$

得到

$$\lambda_1=1,\ \boldsymbol{x}^{(2)}=\boldsymbol{x}^{(1)}+\lambda_1\boldsymbol{d}^{(1)}=[1,1]^{\mathrm{T}}$$

第 2 次迭代。根据约束是否起作用，将 $\boldsymbol{A}$ 和 $\boldsymbol{b}$ 分解为

$$\boldsymbol{A}_1=\begin{bmatrix}2&-1\\1&1\end{bmatrix},\ \boldsymbol{A}_2=\begin{bmatrix}-1&0\\0&-1\end{bmatrix},\ \boldsymbol{b}_1=\begin{bmatrix}1\\2\end{bmatrix},\ \boldsymbol{b}_2=\begin{bmatrix}0\\0\end{bmatrix}$$

计算 $\nabla f(\boldsymbol{x}^{(2)})=[0,\ -2]^{\mathrm{T}}$，求解线性规划问题：

$$\begin{aligned}&\min\ -2d_2\\&\text{s.t.}\ \ 2d_1-d_2\leqslant 0,\ d_1+d_2\leqslant 0,\ |d_i|\leqslant 1,\ i=1,2\end{aligned}$$

由单纯形法求得最优解 $\boldsymbol{d}^{(2)}=[-1,1]^{\mathrm{T}}$。

求一维搜索的步长上限 $\lambda_{\max}$：

$$\hat{\boldsymbol{d}}=\boldsymbol{A}_2\boldsymbol{d}^{(2)}=[1,\ -1]^{\mathrm{T}}$$

$$\hat{\boldsymbol{b}}=\boldsymbol{b}_2-\boldsymbol{A}_2\boldsymbol{x}^{(2)}=[1,1]^{\mathrm{T}}$$

$$\lambda_{\max}=\min\left\{\frac{\hat{b}_i}{\hat{d}_i}\ \middle|\ \hat{d}_i>0\right\}=\min\left\{\frac{1}{1}\right\}=1$$

求解一维搜索问题：

$$\begin{aligned}&\min\ f(\boldsymbol{x}^{(2)}+\lambda\boldsymbol{d}^{(2)})=2\lambda^2-2\lambda+2\\&\text{s.t.}\ \ 0\leqslant\lambda\leqslant 1\end{aligned}$$

得到

$$\lambda_2 = \frac{1}{2},\ \boldsymbol{x}^{(3)} = \boldsymbol{x}^{(2)} + \lambda_2 \boldsymbol{d}^{(2)} = \left[\frac{1}{2},\ \frac{3}{2}\right]^{\mathrm{T}}$$

第 3 次迭代。根据约束是否起作用，将 $\boldsymbol{A}$ 和 $\boldsymbol{b}$ 分解为

$$\boldsymbol{A}_1 = [1\quad 1],\ \boldsymbol{A}_2 = \begin{bmatrix} 2 & -1 \\ -1 & 0 \\ 0 & -1 \end{bmatrix},\ \boldsymbol{b}_1 = 2,\ \boldsymbol{b}_2 = \begin{bmatrix} 1 \\ 0 \\ 0 \end{bmatrix}$$

计算$\nabla f(\boldsymbol{x}^{(3)}) = [-1,\ -1]^{\mathrm{T}}$，解线性规划问题：

$$\begin{aligned} &\min\ -d_1 - d_2 \\ &\text{s.t.}\ \ d_1 + d_2 \leqslant 0 \\ &\qquad -1 \leqslant d_1 \leqslant 1 \\ &\qquad -1 \leqslant d_2 \leqslant 1 \end{aligned}$$

由单纯形法求得最优解：

$$\boldsymbol{d}^{(3)} = [0,0]^{\mathrm{T}}$$

显然，$\nabla f(\boldsymbol{x}^{(3)})^{\mathrm{T}}\boldsymbol{d} = 0$，因此$\boldsymbol{x}^{(3)} = \left[\frac{1}{2},\frac{3}{2}\right]^{\mathrm{T}}$是 KKT 点。

由于此例是凸规划，$\boldsymbol{x}^{(3)}$ 是最优解，目标函数的最优值为

$$\min\ f(\boldsymbol{x}) = f(\boldsymbol{x}^{(3)}) = \frac{3}{2}$$

5.4.2　非线性约束

考虑不等式约束的非线性规划问题：

$$\begin{aligned} &\min\ f(\boldsymbol{x}) \\ &\text{s.t.}\ \ g_i(\boldsymbol{x}) \leqslant 0,\ i = 1,2,\cdots,m \end{aligned} \tag{5.78}$$

式中，$x \in \mathbf{R}^n$；$f(\boldsymbol{x})$ 和 $g(\boldsymbol{x})$ 均为可微函数。

【定理 5.4.2】　设 $\boldsymbol{x}$ 是上述问题的可行解，$I = \{i \mid g_i(\boldsymbol{x}) = 0\}$ 是在 $\boldsymbol{x}$ 处起作用的约束集合，函数 $f(\boldsymbol{x})$ 和 $g_i(\boldsymbol{x})(i \in I)$ 在 $\boldsymbol{x}$ 处可微，$g_i(\boldsymbol{x})(i \notin I)$ 在 $\boldsymbol{x}$ 处连续。如果

$$\nabla f(\boldsymbol{x})^{\mathrm{T}}\boldsymbol{d} < 0,\ \nabla g_i(\boldsymbol{x})^{\mathrm{T}}\boldsymbol{d} < 0,\quad i \in I \tag{5.79}$$

则 $\boldsymbol{d}$ 是下降的可行方向。

图 5.5 给出了可行下降方向的几何意义示例。

根据上述定理，求解可行下降方向也就是求满足下列不等式组的解 $\boldsymbol{d}$：

$$\begin{cases} \nabla f(\boldsymbol{x})^{\mathrm{T}}\boldsymbol{d} < 0 \\ \nabla g_i(\boldsymbol{x})^{\mathrm{T}}\boldsymbol{d} < 0,\quad i \in I \end{cases} \tag{5.80}$$

可以通过求解以下线性规划问题得到方向 $\boldsymbol{d}$：

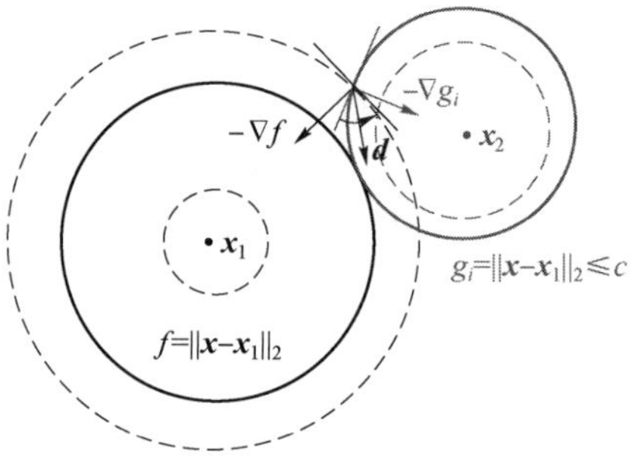

图 5.5　非线性约束的可行下降方向示意图（附彩图）

$$\begin{aligned}&\min z\\&\text{s.t. } \nabla f(\boldsymbol{x})^{\mathrm{T}}\boldsymbol{d}-z\leqslant 0\\&\qquad \nabla g_i(\boldsymbol{x})^{\mathrm{T}}\boldsymbol{d}-z\leqslant 0,\ i\in I\\&\qquad |d_j|\leqslant 1,\ j=1,2,\cdots,n\end{aligned}\tag{5.81}$$

该式的几何意义是求解目标函数和约束综合下降最快的方向。

记式（5.81）的最优解为 $[z^*;\boldsymbol{d}^*]$。如果 $z^*<0$，则 $\boldsymbol{d}^*$ 是 $\boldsymbol{x}$ 处的可行下降方向；如果 $z^*=0$，则 $\boldsymbol{x}$ 必为最优点。

为了确定步长 λ，仍然需要求解一维搜索问题

$$\begin{aligned}&\min f(\boldsymbol{x}^{(k)}+\lambda\boldsymbol{d}^{(k)})\\&\text{s.t. } 0\leqslant\lambda\leqslant\lambda_{\max}\end{aligned}\tag{5.82}$$

式中，$\lambda_{\max}=\inf\{\lambda\mid g_i(\boldsymbol{x}^{(k)}+\lambda\boldsymbol{d}^{(k)})\leqslant 0,\ i=1,2,\cdots,m\}$。其中，符号 inf 表示从集合中取下边界的元素，即最小值。

综上所述，对于非线性约束的可行方向法的计算步骤如下：

第 1 步，给定初始可行点 $\boldsymbol{x}^{(1)}$，置 $k=1$。

第 2 步，令 $I=\{i\mid g_i(\boldsymbol{x})=0\}$，解线性规划问题：

$$\begin{aligned}&\min z\\&\text{s.t. } \nabla f(\boldsymbol{x}^{(k)})^{\mathrm{T}}\boldsymbol{d}-z\leqslant 0,\\&\qquad \nabla g_i(\boldsymbol{x}^{(k)})^{\mathrm{T}}\boldsymbol{d}-z\leqslant 0,\ i\in I\\&\qquad -1\leqslant d_j\leqslant 1,\ j=1,2,\cdots,n\end{aligned}$$

得到最优解 $[z^{(k)};\boldsymbol{d}^{(k)}]$。若 $z^{(k)}=0$，则停止计算，$\boldsymbol{x}^{(k)}$ 为极值点；否则，转至第 3 步。

第 3 步，求解一维搜索问题：

$$\begin{aligned}&\min\ f(\boldsymbol{x}^{(k)}+\lambda\boldsymbol{d})\\&\text{s.t. } 0\leqslant\lambda\leqslant\lambda_{\max}\end{aligned}$$

式中，$\lambda_{\max}$ 由前面的方法确定，得到最优解 λ_k。

第 4 步，令 $\boldsymbol{x}^{(k+1)}=\boldsymbol{x}^{(k)}+\lambda_k\boldsymbol{d}^{(k)}$，置 $k=k+1$，转至第 2 步。

5.4.3 Topkis - Veinott 修正

【定义 5.4.1】开映射（闭映射）：如果 $\boldsymbol{X}$ 中的开集（闭集）在 $\boldsymbol{f}$ 下的像都为 $\boldsymbol{Y}$ 的开集（闭集），那么 $\boldsymbol{f}$：$\boldsymbol{X} \to \boldsymbol{Y}$ 是开映射（闭映射）。

由于在边界处存在突变，因此 Zoutendijk 可行方向法的方向映射和一维搜索映射不一定是闭映射，迭代的序列可能不收敛于 KKT 点。

Topkis 和 Veinott 对可行方向法做了改进，将求解搜索方向的线性规划修改如下：

$$\begin{aligned} &\min z \\ &\text{s.t. } \nabla f(\boldsymbol{x})^{\mathrm{T}}\boldsymbol{d} - z \leqslant 0, \\ &\qquad \nabla g_i(\boldsymbol{x})^{\mathrm{T}}\boldsymbol{d} - z \leqslant - g_i(\boldsymbol{x}),\ i = 1,2,\cdots,m \\ &\qquad |d_j| \leqslant 1,\ j = 1,2,\cdots,n \end{aligned} \tag{5.83}$$

结合图 5.6 可知，经过这种改进之后：

(1) 若 $g_i(\boldsymbol{x}) = 0$（$\boldsymbol{x}$ 在可行域的边界），则该约束没有变化。

(2) 若 $g_i(\boldsymbol{x}) < 0$ 并且接近于 0（$\boldsymbol{x}$ 在可行域内部，接近边界），则该约束的影响较大。

(3) 若 $g_i(\boldsymbol{x}) < 0$ 并且不接近于 0（$\boldsymbol{x}$ 在可行域内部，远离边界），则该约束的影响较小。

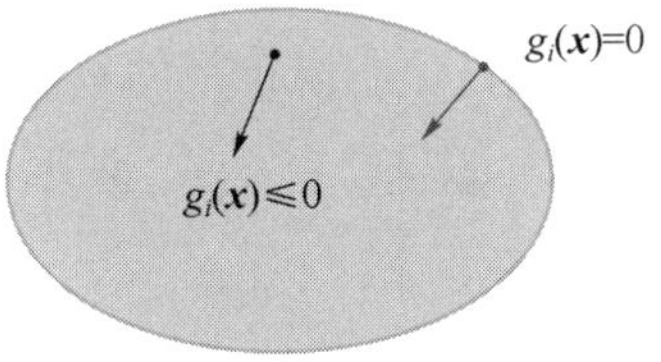

图 5.6　不等式约束的几何意义（附彩图）

5.5 二次规划

二次规划（quadratic program，QP）是非线性规划中的一种特殊情形，它的目标函数是二次实函数，约束是线性的。由于二次规划比较简单，便于求解，且一些非线性规划可以转化为求解一系列二次规划问题，因此二次规划算法较早引起研究人员的重视，成为求解非线性规划的一个重要途径。

二次规划可以采用拉格朗日（Lagrange）法、消元法、起作用集法、Lemke 法和路径跟踪法等方法求解，本章介绍拉格朗日法和 Lemke 法。

5.5.1 拉格朗日法

对于等式约束的二次规划问题：

$$\min f(\boldsymbol{x}) = \frac{1}{2}\boldsymbol{x}^{\mathrm{T}}\boldsymbol{H}\boldsymbol{x} + \boldsymbol{c}^{\mathrm{T}}\boldsymbol{x} \tag{5.84}$$

$$\text{s.t.}\ \boldsymbol{A}\boldsymbol{x} = \boldsymbol{b}$$

式中，$\boldsymbol{x} \in \mathbf{R}^n$；$\boldsymbol{H}$为$n$阶对称矩阵；$\boldsymbol{c}$为$n$维列向量；$\boldsymbol{A}$为$m \times n$矩阵，秩为$m$；$\boldsymbol{b}$为$m$维列向量。

拉格朗日法可以求解此问题。为此，定义拉格朗日函数：

$$L(\boldsymbol{x},\boldsymbol{\lambda}) = \frac{1}{2}\boldsymbol{x}^{\mathrm{T}}\boldsymbol{H}\boldsymbol{x} + \boldsymbol{c}^{\mathrm{T}}\boldsymbol{x} + \boldsymbol{\lambda}^{\mathrm{T}}(\boldsymbol{A}\boldsymbol{x} - \boldsymbol{b}) \tag{5.85}$$

令

$$\nabla_{\boldsymbol{x}} L(\boldsymbol{x},\boldsymbol{\lambda}) = \boldsymbol{0}, \quad \nabla_{\lambda} L(\boldsymbol{x},\boldsymbol{\lambda}) = \boldsymbol{0} \tag{5.86}$$

得到方程组

$$\begin{cases} \boldsymbol{H}\boldsymbol{x} + \boldsymbol{c} + \boldsymbol{A}^{\mathrm{T}}\boldsymbol{\lambda} = \boldsymbol{0} \\ \boldsymbol{A}\boldsymbol{x} - \boldsymbol{b} = \boldsymbol{0} \end{cases} \tag{5.87}$$

将其写为矩阵形式：

$$\begin{bmatrix} \boldsymbol{H} & \boldsymbol{A}^{\mathrm{T}} \\ \boldsymbol{A} & \boldsymbol{0} \end{bmatrix} \begin{bmatrix} \boldsymbol{x} \\ \boldsymbol{\lambda} \end{bmatrix} = \begin{bmatrix} -\boldsymbol{c} \\ \boldsymbol{b} \end{bmatrix} \tag{5.88}$$

式（5.88）的系数矩阵称为拉格朗日矩阵。假设拉格朗日矩阵可逆，则其可表示为

$$\begin{bmatrix} \boldsymbol{H} & \boldsymbol{A}^{\mathrm{T}} \\ \boldsymbol{A} & \boldsymbol{0} \end{bmatrix}^{-1} = \begin{bmatrix} \boldsymbol{Q} & \boldsymbol{R}^{\mathrm{T}} \\ \boldsymbol{R} & \boldsymbol{S} \end{bmatrix} \tag{5.89}$$

即

$$\begin{bmatrix} \boldsymbol{H} & \boldsymbol{A}^{\mathrm{T}} \\ \boldsymbol{A} & \boldsymbol{0} \end{bmatrix} \begin{bmatrix} \boldsymbol{Q} & \boldsymbol{R}^{\mathrm{T}} \\ \boldsymbol{R} & \boldsymbol{S} \end{bmatrix} = \boldsymbol{I} \tag{5.90}$$

将其展开，可得

$$\begin{cases} \boldsymbol{H}\boldsymbol{Q} + \boldsymbol{A}^{\mathrm{T}}\boldsymbol{R} = \boldsymbol{I} \\ \boldsymbol{H}\boldsymbol{R}^{\mathrm{T}} + \boldsymbol{A}^{\mathrm{T}}\boldsymbol{S} = \boldsymbol{0} \\ \boldsymbol{A}\boldsymbol{Q} = \boldsymbol{0} \\ \boldsymbol{A}\boldsymbol{R}^{\mathrm{T}} = \boldsymbol{I} \end{cases} \tag{5.91}$$

假设$\boldsymbol{H}^{-1}$存在，由式（5.91）的第1个等式可得

$$\boldsymbol{Q} = \boldsymbol{H}^{-1}(\boldsymbol{I} - \boldsymbol{A}^{\mathrm{T}}\boldsymbol{R}) \tag{5.92}$$

将式（5.92）代入式（5.91）的第3个等式，可得

$$\boldsymbol{A}\boldsymbol{Q} = \boldsymbol{A}\boldsymbol{H}^{-1} - \boldsymbol{A}\boldsymbol{H}^{-1}\boldsymbol{A}^{\mathrm{T}}\boldsymbol{R} = \boldsymbol{0} \tag{5.93}$$

若$\boldsymbol{A}\boldsymbol{H}^{-1}\boldsymbol{A}^{\mathrm{T}}$可逆，可解出

$$\boldsymbol{R} = (\boldsymbol{A}\boldsymbol{H}^{-1}\boldsymbol{A}^{\mathrm{T}})^{-1}\boldsymbol{A}\boldsymbol{H}^{-1} \tag{5.94}$$

将 $\boldsymbol{R}$ 的表达式代入式（5.92）所示的 $\boldsymbol{Q}$ 的表达式，可得

$$\boldsymbol{Q}=\boldsymbol{H}^{-1}-\boldsymbol{H}^{-1}\boldsymbol{A}^{\mathrm{T}}(\boldsymbol{A}\boldsymbol{H}^{-1}\boldsymbol{A}^{\mathrm{T}})^{-1}\boldsymbol{A}\boldsymbol{H}^{-1} \tag{5.95}$$

由式（5.91）的第 2 个等式变形可得

$$\boldsymbol{A}^{\mathrm{T}}\boldsymbol{S}=-\boldsymbol{H}\boldsymbol{R}^{\mathrm{T}} \tag{5.96}$$

将其两边左乘 $\boldsymbol{A}\boldsymbol{H}^{-1}$ 可得

$$\boldsymbol{A}\boldsymbol{H}^{-1}\boldsymbol{A}^{\mathrm{T}}\boldsymbol{S}=-\boldsymbol{A}\boldsymbol{H}^{-1}\boldsymbol{H}\boldsymbol{R}^{\mathrm{T}} \tag{5.97}$$

若 $\boldsymbol{A}\boldsymbol{H}^{-1}\boldsymbol{A}^{\mathrm{T}}$ 可逆，可解出

$$\boldsymbol{S}=-(\boldsymbol{A}\boldsymbol{H}^{-1}\boldsymbol{A}^{\mathrm{T}})^{-1}\boldsymbol{A}\boldsymbol{H}^{-1}\boldsymbol{H}\boldsymbol{R}^{\mathrm{T}} \tag{5.98}$$

将 $\boldsymbol{R}$ 的表达式（5.94）代入式（5.98），可得

$$\begin{aligned}\boldsymbol{S}&=-(\boldsymbol{A}\boldsymbol{H}^{-1}\boldsymbol{A}^{\mathrm{T}})^{-1}\boldsymbol{A}\boldsymbol{H}^{-1}\boldsymbol{H}((\boldsymbol{A}\boldsymbol{H}^{-1}\boldsymbol{A}^{\mathrm{T}})^{-1}\boldsymbol{A}\boldsymbol{H}^{-1})^{\mathrm{T}}\\&=-(\boldsymbol{A}\boldsymbol{H}^{-1}\boldsymbol{A}^{\mathrm{T}})^{-1}\boldsymbol{A}\boldsymbol{H}^{-1}\boldsymbol{H}\cdot\boldsymbol{H}^{-1}\boldsymbol{A}^{\mathrm{T}}(\boldsymbol{A}\boldsymbol{H}^{-1}\boldsymbol{A}^{\mathrm{T}})^{-1}\\&=-(\boldsymbol{A}\boldsymbol{H}^{-1}\boldsymbol{A}^{\mathrm{T}})^{-1}\end{aligned} \tag{5.99}$$

从而可得到二次规划问题的最优解：

$$\begin{cases}\boldsymbol{x}=-\boldsymbol{Q}\boldsymbol{c}+\boldsymbol{R}^{\mathrm{T}}\boldsymbol{b}\\\boldsymbol{\lambda}=-\boldsymbol{R}\boldsymbol{c}+\boldsymbol{S}\boldsymbol{b}\end{cases} \tag{5.100}$$

例 5.5.1　用拉格朗日法求解以下问题：

$$\min f(\boldsymbol{x})=x_1^2+2x_2^2+x_3^2-2x_1x_2+x_3$$

$$\text{s.t.}\begin{cases}x_1+x_2+x_3=4\\2x_1-x_2+x_3=2\end{cases}$$

解析　首先，从原始问题提取以下矩阵：

$$\boldsymbol{H}=\begin{bmatrix}2&-2&0\\-2&4&0\\0&0&2\end{bmatrix},\ \boldsymbol{c}=\begin{bmatrix}0\\0\\1\end{bmatrix},\ \boldsymbol{A}=\begin{bmatrix}1&1&1\\2&-1&1\end{bmatrix},\ \boldsymbol{b}=\begin{bmatrix}4\\2\end{bmatrix}$$

然后，计算分块矩阵 $\boldsymbol{R}$、$\boldsymbol{Q}$ 和 $\boldsymbol{S}$，可得

$$\boldsymbol{Q}=\frac{4}{11}\begin{bmatrix}\frac{1}{2}&\frac{1}{4}&-\frac{3}{4}\\\frac{1}{4}&\frac{1}{8}&-\frac{3}{8}\\-\frac{3}{4}&-\frac{3}{8}&\frac{9}{8}\end{bmatrix}$$

$$\boldsymbol{R}=\frac{4}{11}\begin{bmatrix}\frac{3}{4}&\frac{7}{4}&\frac{1}{4}\\\frac{3}{4}&-1&\frac{1}{4}\end{bmatrix}$$

$$S = -\frac{4}{11}\begin{bmatrix} 3 & -\frac{5}{2} \\ -\frac{5}{2} & 3 \end{bmatrix}$$

最后，计算二次规划的最优解，可得

$$\boldsymbol{x} = -\boldsymbol{Qc} + \boldsymbol{R}^{\mathrm{T}}\boldsymbol{b} = \left[\frac{21}{11}, \frac{43}{22}, \frac{3}{22}\right]^{\mathrm{T}}$$

5.5.2 Lemke 法

考虑具有不等式约束的二次规划问题：

$$\min f(\boldsymbol{x}) = \frac{1}{2}\boldsymbol{x}^{\mathrm{T}}\boldsymbol{Hx} + \boldsymbol{c}^{\mathrm{T}}\boldsymbol{x} \tag{5.101}$$

$$\text{s.t.} \quad \boldsymbol{Ax} \leqslant \boldsymbol{b}, \ \boldsymbol{x} \geqslant \boldsymbol{0}$$

式中，$\boldsymbol{x} \in \mathbf{R}^n$；$\boldsymbol{H}$ 为 n 阶对称矩阵；$\boldsymbol{c}$ 为 n 维列向量；$\boldsymbol{A}$ 为 $m \times n$ 矩阵，秩为 m；$\boldsymbol{b}$ 为 m 维列向量。由于不等式约束的出现，因此不能使用拉格朗日法求解。

该问题可以采用 Lemke 法求解。Lemke 方法的基本思想：把线性规划的单纯形法加以适当修改，再用来求二次规划的 KKT 点。

回顾本书约定的约束非线性规划问题的标准形式：

$$\begin{aligned} &\min f(\boldsymbol{x}) \\ &\text{s.t.} \ g_i(\boldsymbol{x}) \leqslant 0, \quad i = 1,2,\cdots,m \\ &\qquad h_j(\boldsymbol{x}) = 0, \quad j = 1,2,\cdots,l \end{aligned} \tag{5.102}$$

针对该标准形式，定义 $L(\boldsymbol{x},\boldsymbol{\omega},\boldsymbol{\nu}) = f(\boldsymbol{x}) + \sum_{i=1}^{m}\omega_i g_i(\boldsymbol{x}) + \sum_{j=1}^{l}\nu_j h_j(\boldsymbol{x})$，那么，根据 KKT 条件，达到最优解的必要条件为

$$\begin{cases} \nabla_{\boldsymbol{x}} L(\boldsymbol{x},\boldsymbol{\omega},\boldsymbol{\nu}) = \boldsymbol{0} \\ g_i(\boldsymbol{x}) \leqslant 0, \ i = 1,2,\cdots,m \\ h_j(\boldsymbol{x}) = 0, \ j = 1,2,\cdots,l \\ \omega_i g_i(\boldsymbol{x}) = 0, \ i = 1,2,\cdots,m \\ \omega_i \geqslant 0, \ i = 1,2,\cdots,m \end{cases} \tag{5.103}$$

对于式（5.101）所示的具有不等式约束的二次规划问题，定义：

$$L(\boldsymbol{x},\boldsymbol{\lambda}_1,\boldsymbol{\lambda}_2) = \frac{1}{2}\boldsymbol{x}^{\mathrm{T}}\boldsymbol{Hx} + \boldsymbol{c}^{\mathrm{T}}\boldsymbol{x} + \boldsymbol{\lambda}_1(\boldsymbol{Ax} - \boldsymbol{b}) + \boldsymbol{\lambda}_2(-\boldsymbol{x})$$

那么，达到最优解的必要条件为

$$\begin{cases} \boldsymbol{Hx}+\boldsymbol{c}+\boldsymbol{A}^{\mathrm{T}}\boldsymbol{\lambda}_1-\boldsymbol{\lambda}_2=\boldsymbol{0} \\ \boldsymbol{Ax}-\boldsymbol{b}\leqslant\boldsymbol{0} \\ -\boldsymbol{x}\leqslant\boldsymbol{0} \\ \boldsymbol{\lambda}_1^{\mathrm{T}}(\boldsymbol{Ax}-\boldsymbol{b})=0 \\ \boldsymbol{\lambda}_2^{\mathrm{T}}(-\boldsymbol{x})=0 \\ \boldsymbol{\lambda}_1,\boldsymbol{\lambda}_2\geqslant\boldsymbol{0} \end{cases} \tag{5.104}$$

再引入松弛变量 $\boldsymbol{\nu}>\boldsymbol{0}$，使得式（5.104）的第 2 个不等式可改写为

$$\boldsymbol{Ax}-\boldsymbol{b}+\boldsymbol{\nu}=\boldsymbol{0}$$

对式（5.104）进一步整理，可得

$$\begin{cases} \boldsymbol{\lambda}_2-\boldsymbol{Hx}-\boldsymbol{A}^{\mathrm{T}}\boldsymbol{\lambda}_1=\boldsymbol{c} \\ \boldsymbol{\nu}+\boldsymbol{Ax}=\boldsymbol{b} \\ \boldsymbol{\lambda}_2^{\mathrm{T}}\boldsymbol{x}=0 \\ \boldsymbol{\nu}^{\mathrm{T}}\boldsymbol{\lambda}_1=0 \\ \boldsymbol{\lambda}_2,\boldsymbol{\nu},\boldsymbol{x},\boldsymbol{\lambda}_1\geqslant\boldsymbol{0} \end{cases} \tag{5.105}$$

记

$$\boldsymbol{\omega}=\begin{bmatrix}\boldsymbol{\lambda}_2\\ \boldsymbol{\nu}\end{bmatrix},\ \boldsymbol{z}=\begin{bmatrix}\boldsymbol{x}\\ \boldsymbol{\lambda}_1\end{bmatrix},\ \boldsymbol{M}=\begin{bmatrix}\boldsymbol{H} & \boldsymbol{A}^{\mathrm{T}}\\ -\boldsymbol{A} & \boldsymbol{0}\end{bmatrix},\ \boldsymbol{q}=\begin{bmatrix}\boldsymbol{c}\\ \boldsymbol{b}\end{bmatrix} \tag{5.106}$$

那么，式（5.105）描述的必要条件可写成下列形式：

$$\begin{cases} \boldsymbol{\omega}-\boldsymbol{Mz}=\boldsymbol{q} \\ \boldsymbol{\omega},\boldsymbol{z}\geqslant\boldsymbol{0} \end{cases} \tag{5.107}$$

$$\boldsymbol{\omega}^{\mathrm{T}}\boldsymbol{z}=0 \tag{5.108}$$

式中，$\boldsymbol{\omega},\boldsymbol{q},\boldsymbol{z}$ 均为 $m+n$ 维列向量；$\boldsymbol{M}$ 为 $m+n$ 阶矩阵。式（5.107）、式（5.108）称为线性互补问题，它的每一个解 $[\boldsymbol{\omega};\boldsymbol{z}]$ 的 $2(m+n)$ 个分量中，至少有 $m+n$ 个零值，而且其中每对变量（ω_i,z_i）中至少有一个为零，其余分量均是非负数。

【定义 5.5.1】 设 $[\boldsymbol{\omega};\boldsymbol{z}]$ 是式（5.107）的一个基本可行解，且每个互补变量对（$\boldsymbol{\omega},\boldsymbol{z}$）中有一个变量是基变量，则称 $[\boldsymbol{\omega};\boldsymbol{z}]$ 是互补基本可行解。

由此可见，求二次规划 KKT 点（必要条件）的问题就转化为求互补基本可行解。互补基本可行解可采用 Lemke 法求解，下面进行介绍。

分两种情形：

（1）如果 $\boldsymbol{q}\geqslant\boldsymbol{0}$，则 $[\boldsymbol{\omega};\boldsymbol{z}]=[\boldsymbol{q};\boldsymbol{0}]$ 就是一个互补基本可行解；

（2）如果不满足 $\boldsymbol{q}\geqslant\boldsymbol{0}$，则引入人工变量 z_0，令

$$\boldsymbol{\omega}-\boldsymbol{Mz}-\boldsymbol{e}z_0=\boldsymbol{q} \tag{5.109}$$

$$\boldsymbol{\omega}, \boldsymbol{z} \geqslant \mathbf{0}, \quad z_0 \geqslant 0 \tag{5.110}$$

$$\boldsymbol{\omega}^{\mathrm{T}}\boldsymbol{z} = 0 \tag{5.111}$$

式中，$\boldsymbol{e}=[1,\cdots,1]^{\mathrm{T}}$ 是分量全为 1 的 $m+n$ 维列向量。满足必要条件的互补基本可行解可以通过对上述问题的准互补基本可行解进行变换得到。

【定义 5.5.2】 若 $[\boldsymbol{\omega};\boldsymbol{z};z_0]$ 是式（5.109）~ 式（5.111）的一个可行解，并且满足下列条件，则称 $[\boldsymbol{\omega};\boldsymbol{z};z_0]$ 为准互补基本可行解：

（1）$[\boldsymbol{\omega};\boldsymbol{z};z_0]$ 是式（5.109）、式（5.110）的一个基本可行解；

（2）对于某一个 $s \in \{1,2,\cdots,m+n\}$，ω_s 和 z_s 都不是基变量；

（3）z_0 是基变量，且每个互补变量对 $(\omega_i,z_i)(i \neq s)$ 中恰有一个变量是基变量。

可采用主元消去法求准互补基本可行解。首先，令

$$\begin{cases} z_0 = -q_s,\ q_s = \min\{q_i \mid i = 1,2,\cdots,m+n\} \\ \boldsymbol{z} = \mathbf{0},\ \boldsymbol{\omega} = \boldsymbol{q} + \boldsymbol{e}z_0 = \boldsymbol{q} - \boldsymbol{e}q_s \end{cases} \tag{5.112}$$

则 $[\boldsymbol{\omega};\boldsymbol{z};z_0]$ 是一个准互补基本可行解，其中 $\omega_i(i \neq s)$ 和 z_0 是基变量，其余变量为非基变量。以此解为起始解进行基变换，迫使 z_0 离基，得到互补基本可行解。

为保持可行性，选择主元时要遵守两条规则：

（1）若 ω_i（或 z_i）离基，则 z_i（或 ω_i）进基（互补性）；

（2）按照单纯形法中的最小比值规则确定离基变量（可行性）。

Lemke 法可以实现上述变换过程，计算步骤如下：

第 1 步，若 $\boldsymbol{q} \geqslant \mathbf{0}$，则停止计算，$[\boldsymbol{\omega};\boldsymbol{z}]=[\boldsymbol{q};\mathbf{0}]$ 是互补基本可行解；否则，用表格形式表示式（5.109），设

$$q_s = \min\{q_i \mid i = 1,2,\cdots,m+n\} \tag{5.113}$$

取 s 行为主行（ω_s 离基），z_0 对应的列为主列，进行主元消去，令 $y = z_s$。

第 2 步，设在现行表中待进基变量 y 下面的列为 $\boldsymbol{d}$。若 $\boldsymbol{d} < \mathbf{0}$，则停止计算（无界）；否则，按最小比值规则确定指标 r，使下式成立：

$$\frac{\bar{q}_r}{d_r} = \min_i\left\{\frac{\bar{q}_i}{d_i} \,\middle|\, d_i > 0\right\} \tag{5.114}$$

如果 r 行的基变量是 z_0，则转至第 4 步；否则，转至第 3 步。

第 3 步，设 r 行的基变量为 ω_l 或 $z_l(l \neq s)$，该变量离基，变量 y 进基。如果离基变量是 ω_l，则令 $y = z_l$；如果离基变量是 z_l，则令 $y = \omega_l$，转至第 2 步。

第 4 步，变量 y 进基，z_0 离基，进行消元，得到互补基本可行解，停止计算。

例 5.5.2 用 Lemke 法求解下述问题：

$$\min f(\boldsymbol{x}) = x_1^2 - x_1x_2 + 2x_2^2 - x_1 - 10x_2$$
$$\text{s.t.}\ \ 3x_1 + 2x_2 \leqslant 6,\ x_1 \geqslant 0, x_2 \geqslant 0$$

解析　从原始问题提取相关矩阵：

$$\boldsymbol{H}=\begin{bmatrix}2 & -1\\ -1 & 4\end{bmatrix},\ \boldsymbol{c}=\begin{bmatrix}-1\\ -10\end{bmatrix},\ \boldsymbol{A}=[3\quad 2],\ \boldsymbol{b}=6$$

$$\boldsymbol{M}=\begin{bmatrix}\boldsymbol{H} & \boldsymbol{A}^{\mathrm{T}}\\ -\boldsymbol{A} & \boldsymbol{0}\end{bmatrix}=\begin{bmatrix}2 & -1 & 3\\ -1 & 4 & 2\\ -3 & -2 & 0\end{bmatrix},\ \boldsymbol{q}=\begin{bmatrix}\boldsymbol{c}\\ \boldsymbol{b}\end{bmatrix}=\begin{bmatrix}-1\\ -10\\ 6\end{bmatrix}$$

引入人工变量 z_0，将方程组 $\boldsymbol{I\omega}-\boldsymbol{Mz}-\boldsymbol{e}z_0=\boldsymbol{q}$ 写成表格形式：

	ω_1	ω_2	ω_3	z_1	z_2	z_3	z_0	$\boldsymbol{q}$
ω_1	1	0	0	−2	1	−3	−1	−1
ω_2	0	1	0	1	−4	−2	−1	**−10**
ω_3	0	0	1	3	2	0	−1	6

使 z_0 进基，ω_2 出基，$y=z_2$，得到：

	ω_1	ω_2	ω_3	z_1	z_2	z_3	z_0	$\boldsymbol{q}$
ω_1	1	−1	0	−3	5	−1	0	9
z_0	0	−1	0	−1	4	2	1	10
ω_3	0	−1	1	3	6	2	0	16

基本解 $[\omega_1,z_0,\omega_3,0,0,0,0]^{\mathrm{T}}$ 即准互补基本可行解。为了得到互补基本可行解，将上述表格补充为标准单纯形表形式，然后进行变换，使 z_0 离基。

标准单纯形表形式如下：

$\boldsymbol{c}_B$	$\boldsymbol{x}_B$	$\boldsymbol{B}^{-1}\boldsymbol{b}$	0	0	0	0	0	0	1	$\boldsymbol{\theta}$
			ω_1	ω_2	ω_3	z_1	z_2	z_3	z_0	
0	ω_1	9	1	−1	0	−3	5	−1	0	$\boldsymbol{\frac{9}{5}}$
1	z_0	10	0	−1	0	−1	4	2	0	$\frac{5}{2}$
0	ω_3	16	0	−1	1	2	6	2	1	$\frac{8}{3}$
	$\boldsymbol{\sigma}^{\mathrm{T}}$									

使 z_2 进基，ω_1 出基，$y=z_1$，得到：

c_B	x_B	$B^{-1}b$	0 ω_1	0 ω_2	0 ω_3	0 z_1	0 z_2	0 z_3	1 z_0	θ
0	z_2	$\frac{9}{5}$	$\frac{1}{5}$	$-\frac{1}{5}$	0	$-\frac{3}{5}$	1	$-\frac{1}{5}$	0	
1	z_0	$\frac{14}{5}$	$-\frac{4}{5}$	$-\frac{1}{5}$	0	$\frac{7}{5}$	0	$\frac{14}{5}$	1	2
0	ω_3	$\frac{26}{5}$	$-\frac{6}{5}$	$-\frac{1}{5}$	1	$\frac{28}{5}$	0	$\frac{16}{5}$	0	$\boldsymbol{\frac{13}{14}}$
	$\boldsymbol{\sigma}^{\mathrm{T}}$									

使 z_1 进基，ω_3 出基，$y=z_3$，得到：

c_B	x_B	$B^{-1}b$	0 ω_1	0 ω_2	0 ω_3	0 z_1	0 z_2	0 z_3	1 z_0	θ
0	z_2	$\frac{33}{14}$	$\frac{1}{14}$	$-\frac{5}{28}$	$\frac{3}{28}$	0	1	$\frac{1}{7}$	0	$\frac{33}{2}$
1	z_0	$\frac{3}{2}$	$-\frac{1}{2}$	$-\frac{1}{4}$	$-\frac{1}{4}$	0	0	2	1	$\boldsymbol{\frac{3}{4}}$
0	z_1	$\frac{13}{14}$	$-\frac{3}{14}$	$\frac{1}{28}$	$\frac{5}{28}$	1	0	$\frac{4}{7}$	0	$\frac{13}{12}$
	$\boldsymbol{\sigma}^{\mathrm{T}}$									

使 z_3 进基，z_0 出基，得到：

c_B	x_B	$B^{-1}b$	0 ω_1	0 ω_2	0 ω_3	0 z_1	0 z_2	0 z_3	1 z_0	θ
0	z_2	$\frac{9}{4}$	$\frac{3}{28}$	$-\frac{6}{59}$	$\frac{7}{56}$	0	1	0	$-\frac{1}{14}$	
1	z_0	$\frac{3}{4}$	$-\frac{1}{4}$	$-\frac{1}{8}$	$-\frac{1}{8}$	0	0	1	$\frac{1}{2}$	
0	z_1	$\frac{1}{2}$	$-\frac{1}{14}$	$\frac{3}{28}$	$\frac{1}{4}$	1	0	0	$-\frac{2}{7}$	
	$\boldsymbol{\sigma}^{\mathrm{T}}$									

由于 z_0 已经离基，得到的互补基本可行解就是满足必要条件的最优解，即

$$[\omega_1, \omega_2, \omega_3, z_1, z_2, z_3]^{\mathrm{T}} = \left[0, 0, 0, \frac{1}{2}, \frac{9}{4}, \frac{3}{4}\right]^{\mathrm{T}}$$

根据定义 $\boldsymbol{z} = [\boldsymbol{x}; \boldsymbol{\lambda}_1]$ 可知，原始二次规划问题的最优解为

$$\boldsymbol{x}^* = [x_1, x_2] = \left[\frac{1}{2}, \frac{9}{4}\right]^{\mathrm{T}}, \ J^* = -\frac{55}{4}$$

5.5.3　序列二次规划

序列二次规划（sequential quadratic program， SQP）是将复杂约束极值问题转化为一系列二次规划问题的算法。对于如下非线性规划问题：

$$\begin{aligned} &\min f(\boldsymbol{x}) \\ &\text{s.t.}\ \ g_i(\boldsymbol{x}) \leqslant 0, \quad i = 1, 2, \cdots, m \\ &\qquad h_j(\boldsymbol{x}) = 0, \quad j = 1, 2, \cdots, l \end{aligned} \tag{5.115}$$

利用泰勒级数将目标函数 $f(\boldsymbol{x})$ 在迭代点 $\boldsymbol{x}^{(k)}$ 展开为二次函数，将约束 $g_i(\boldsymbol{x})$ 和 $h_j(\boldsymbol{x})$ 在迭代点 $\boldsymbol{x}^{(k)}$ 展开为线性函数，得到如下二次规划问题：

$$\begin{aligned} &\min \frac{1}{2}(\boldsymbol{x} - \boldsymbol{x}^{(k)})^{\mathrm{T}} \nabla^2 f(\boldsymbol{x}^{(k)})(\boldsymbol{x} - \boldsymbol{x}^{(k)}) + \nabla f(\boldsymbol{x}^{(k)})^{\mathrm{T}}(\boldsymbol{x} - \boldsymbol{x}^{(k)}) + f(\boldsymbol{x}^{(k)}) \\ &\text{s.t.}\ \ \nabla g_i(\boldsymbol{x}^{(k)})^{\mathrm{T}}(\boldsymbol{x} - \boldsymbol{x}^{(k)}) + g_i(\boldsymbol{x}^{(k)}) \leqslant 0, \quad i = 1, 2, \cdots, m \\ &\qquad \nabla h_j(\boldsymbol{x}^{(k)})^{\mathrm{T}}(\boldsymbol{x} - \boldsymbol{x}^{(k)}) + h_j(\boldsymbol{x}^{(k)}) = 0, \quad j = 1, 2, \cdots, l \end{aligned} \tag{5.116}$$

该问题是原问题的近似模型，其解不一定可行，也不一定是迭代方向的最优解。将其变换为变量为 $\boldsymbol{d} = \boldsymbol{x} - \boldsymbol{x}^{(k)}$ 的问题并略去常数项 $f(\boldsymbol{x}^{(k)})$，可得

$$\begin{aligned} &\min \frac{1}{2}\boldsymbol{d}^{\mathrm{T}} \cdot \nabla^2 f(\boldsymbol{x}^{(k)}) \cdot \boldsymbol{d} + \nabla f(\boldsymbol{x}^{(k)})^{\mathrm{T}} \cdot \boldsymbol{d} \\ &\text{s.t.}\ \ \nabla g_i(\boldsymbol{x}^{(k)})^{\mathrm{T}}\boldsymbol{d} \leqslant -g_i(\boldsymbol{x}^{(k)}), \quad i = 1, 2, \cdots, m \\ &\qquad \nabla h_j(\boldsymbol{x}^{(k)})^{\mathrm{T}}\boldsymbol{d} = -h_j(\boldsymbol{x}^{(k)}), \quad j = 1, 2, \cdots, l \end{aligned} \tag{5.117}$$

求解上述问题得到迭代的搜索方向，然后进行一维搜索

$$\min_{\lambda} f(\boldsymbol{x}^{(k)} + \lambda \boldsymbol{d}) \tag{5.118}$$

得到新的迭代点 $\boldsymbol{x}^{(k+1)} = \boldsymbol{x}^{(k)} + \lambda \boldsymbol{d}$。

在 $\boldsymbol{x}^{(k+1)}$ 将原问题重新展开为二次规划问题求解，重复这一流程，直到收敛。

值得注意的是，SQP 算法是一种优秀的约束非线性规划算法，非常适合求解复杂约束非线性规划问题，在航空航天和工业工程等领域得到广泛的应用，著名的稀疏非线性规划求解器（sparse nonlinear optimizer，SNPOT）就是基于 SQP 算法开发的，MATLAB 的约束优化函数 fmincon 也集成了 SQP 算法。

5.6 MATLAB 实例练习

5.6.1 MATLAB 约束优化函数

MATLAB 的约束优化函数为 fmincon。在 MATLAB 的“帮助”页面输入“fmincon”，可得到 fmincon 的相关介绍，如图 5.7 所示，应用示例如图 5.8 所示。

fmincon R2017a

Find minimum of constrained nonlinear multivariable function

expand all in page

Nonlinear programming solver.

Finds the minimum of a problem specified by

$$\min_x f(x) \text{ such that } \begin{cases} c(x) \le 0 \\ ceq(x) = 0 \\ A \cdot x \le b \\ Aeq \cdot x = beq \\ lb \le x \le ub, \end{cases}$$

b and beq are vectors, A and Aeq are matrices, $c(x)$ and $ceq(x)$ are functions that return vectors, and $f(x)$ is a function that returns a scalar. $f(x)$, $c(x)$, and $ceq(x)$ can be nonlinear functions.

x, lb, and ub can be passed as vectors or matrices; see Matrix Arguments.

Syntax

```
x = fmincon(fun,x0,A,b)
x = fmincon(fun,x0,A,b,Aeq,beq)
x = fmincon(fun,x0,A,b,Aeq,beq,lb,ub)
x = fmincon(fun,x0,A,b,Aeq,beq,lb,ub,nonlcon)
```

图 5.7 MATLAB 约束优化函数（fmincon）语法

Linear Inequality Constraint

Find the minimum value of Rosenbrock's function when there is a linear inequality constraint.

Set the objective function `fun` to be Rosenbrock's function. Rosenbrock's function is well-known to be difficult to minimize. It has its minimum objective value of 0 at the point (1,1). For more information, see docid:optim_ug.brg0p3g-1.

```
fun = @(x)100*(x(2)-x(1)^2)^2 + (1-x(1))^2;
```

Find the minimum value starting from the point `[-1,2]`, constrained to have $x(1) + 2x(2) \le 1$. Express this constraint in the form `Ax <= b` by taking `A = [1,2]` and `b = 1`. Notice that this constraint means that the solution will not be at the unconstrained solution (1,1), because at that point $x(1) + 2x(2) = 3 > 1$.

```
x0 = [-1,2];
A = [1,2];
b = 1;
x = fmincon(fun,x0,A,b)
```

图 5.8 MATLAB 约束优化函数（fmincon）应用示例

对于二次规划，MATLAB 提供了更加高效的函数 quadprog（当然，fmincon 也可以求解二次规划)。在 MATLAB 的“帮助”页面输入“quadprog”，可得到 quadprog 的相关介绍，如图 5.9 所示，应用示例如图 5.10 所示。

quadprog

Quadratic programming

```
x = quadprog(H,f)
x = quadprog(H,f,A,b)
x = quadprog(H,f,A,b,Aeq,beq)
x = quadprog(H,f,A,b,Aeq,beq,lb,ub)
x = quadprog(H,f,A,b,Aeq,beq,lb,ub,x0)
x = quadprog(H,f,A,b,Aeq,beq,lb,ub,x0,options)
x = quadprog(problem)
[x,fval] = quadprog(H,f,...)
[x,fval,exitflag] = quadprog(H,f,...)
[x,fval,exitflag,output] = quadprog(H,f,...)
[x,fval,exitflag,output,lambda] = quadprog(H,f,...)
```

Description

Finds a minimum for a problem specified by

$$\min_x \frac{1}{2}x^T Hx + f^T x \text{ such that } \begin{cases} A\cdot x \le b, \\ Aeq\cdot x = beq, \\ lb \le x \le ub. \end{cases}$$

H, A, and Aeq are matrices, and f, b, beq, lb, ub, and x are vectors.

f, lb, and ub can be passed as vectors or matrices; see Matrix Arguments.

图 5.9　MATLAB 二次规划函数（quadprog）语法

Examples

Solve a simple quadratic programming problem: find values of x that minimize

$$f(x) = \frac{1}{2}x_1^2 + x_2^2 - x_1x_2 - 2x_1 - 6x_2,$$

subject to

$$x_1 + x_2 \le 2$$
$$-x_1 + 2x_2 \le 2$$
$$2x_1 + x_2 \le 3$$
$$0 \le x_1,\ 0 \le x_2.$$

1. Enter the coefficient matrices:

```
H = [1 -1; -1 2];
f = [-2; -6];
A = [1 1; -1 2; 2 1];
b = [2; 2; 3];
lb = zeros(2,1);
```

2. Set the options to use the 'interior-point-convex' algorithm with no display:

```
options = optimoptions('quadprog',...
    'Algorithm','interior-point-convex','Display','off');
```

3. Call quadprog:

```
[x,fval,exitflag,output,lambda] = ...
   quadprog(H,f,A,b,[],[],lb,[],[],options);
```

图 5.10　MATLAB 二次规划函数（quadprog）应用示例

5.6.2　MATLAB 约束优化实例

例 5.6.1　采用 MATLAB 的 fmincon 函数求解如下约束非线性规划：

$$\min f(\boldsymbol{x}) = x_1^2 + 2x_2^2 - 2x_1 - 4x_2 + 6$$

$$\text{s. t.} \begin{cases} 2x_1^2 - x_1 x_2 + 3x_2 - 1 \leqslant 0 \\ x_1^2 - 3x_1 + 5x_2^2 - 2 \leqslant 0 \end{cases}$$

解析　主函数代码（fminconMain. m）：

```
clear all
x0 = [0; 0]; % 初值
options = optimset(' GradObj' ,' on' ); % ,' FunValCheck' ,' on'
[x,fval] = fmincon(' myfunobj' ,x0,[ ],[ ],[ ],[ ],[ ],[ ],' myfuncon' ,options)
```

目标函数代码（myobjfun. m）：

```
function [f g] = myfunobj(x)
f =x(1)^2 + 2 * x(2)^3 - 2 * x(1) - 4 * x(2) + 6;
if nargout > 1
    g= [2 * x(1)- 2;
          6 * x(2)^2 - 4];
end
```

约束函数代码（myfuncon. m）：

```
function [g,ceq,Gg,Gceq] = myfuncon(x)
g = zeros(2,1);
g(1) = 2 * x(1)^2 - x(1) * x(2) + 3 * x(2) - 1;
g(2) = x(1)^2 - 3 * x(1) + 5 * x(2)^2 - 2;
ceq= [ ];
if nargout > 2
    Gg = [4 * x(1) - x(2), - x(1) + 3;
            2 * x(1) - 3,10 * x(2)];
    Gceq = [ ];
end
```

运行结果如下：

```
x =
    0. 3299
    0. 2930
fval =
    4. 3274
```

例 5.6.2　采用 MATLAB 的 quadprog 函数求解如下二次规划（例 5.5.2）：

$$\min\ f(\boldsymbol{x}) = x_1^2 - x_1x_2 + 2x_2^2 - x_1 - 10x_2$$

$$\text{s.t.}\ 3x_1 + 2x_2 \leqslant 6,\ x_1 \geqslant 0, x_2 \geqslant 0$$

解析　主函数代码（quadprogMain. m）：

```
clear all
H = [2   - 1; - 1   4]; c = [- 1; - 10];
A = [3   2]; b = [6];
lb = zeros(2,1);
[x,fval,exitflag,output,lambda] = quadprog(H,c,A,b,[ ],[ ],lb,[ ]);
x, fval
```

运行结果如下：

```
x =
     0. 5000
     2. 2500
fval =
   - 13. 7500
```

例 5.6.3　采用序列罚函数法（SUMT）编程求解如下二次规划（例 5.2.1）：

$$\min\ f(\boldsymbol{x}) = (x_1 - 1)^2 + x_2^2$$

$$\text{s.t.}\ g(\boldsymbol{x}) = - x_2 + 1 \leqslant 0$$

解析　采用 MATLAB 语言对序列罚函数法（SUMT）进行编程，其中无约束优化调用 MATLAB 的 fminunc 函数，存储并输出最优解的迭代收敛过程。

主函数代码（SUMTMain. m）：

```
clear all
format(' long' )
global sigma
sigma = 1e1;
c = 10;
x0 = [1. 05   0. 98]' ;
x = x0;
XY = x0;
options = optimset(' GradObj' ,' on' );
for i = 1:10
```

```
        [x,fval] = fminunc(' myfunobj' , x, options)
        sigma = c * sigma;
        XY = [XY x];
    end
    figure( ), plot(XY(1, :), XY(2, :), ' - o' )
    axis([0. 98 1. 06 0. 9 1. 04])
    hold on, grid on
    set(gca, ' FontSize' , 11);
    xlabel(' x_1' , ' FontSize' , 12)
    ylabel(' x_2' , ' FontSize' , 12)
    x,fval
    maxError = max(abs(x - 1))
    x = (0. 9:0. 1:1. 1)' ;
    y = 1 * ones(size(x));
    plot(x, y, ' - r' )
```

目标函数代码（myfunobj. m）：

```
function [f, g] = myfunobj(x)
global sigma
if x(2) >= 1
    f = (x(1) - 1)^2 + x(2)^2;
else
    f = (x(1) - 1)^2 + x(2)^2 + sigma * (x(2) - 1)^2;
end
if nargout > 1
    g = zeros(2,1);
    if x(2) >= 1
        g(1) = 2 * (x(1) - 1);
        g(2) = 2 * x(2);
    else
        g(1) = 2 * (x(1) - 1);
        g(2) = 2 * x(2)+ 2 * sigma * (x(2) - 1);
    end
end
```

运行结果如下：

```
x =
    1.000000000000566
    1.000000003411045
fval =
    1.000000006822090
maxError =
     3.411045224055442e-09
```

收敛过程如图 5.11 所示。

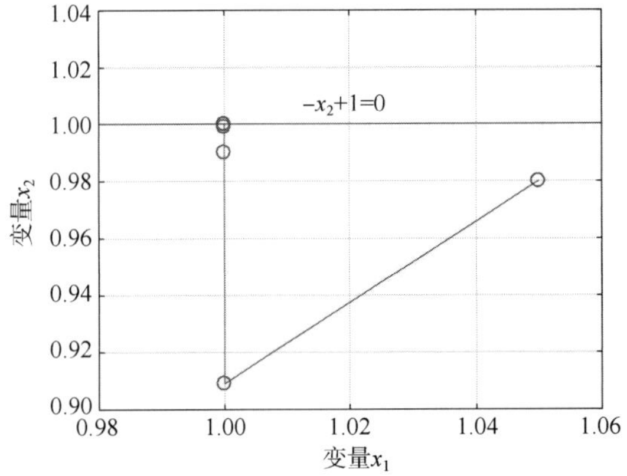

图 5.11　序列罚函数法（SUMT）的收敛过程（附彩图）

例 5.6.4　采用乘子罚函数法编程求解如下约束优化问题（例 5.3.5）：

$$\min \quad f(\boldsymbol{x}) = x_1^2 + 2x_2^2$$

$$\text{s.t.} \quad -x_1 - x_2 + 1 \leqslant 0$$

解析　采用 MATLAB 语言对乘子罚函数法进行编程，其中无约束优化可调用 MATLAB 的 fminunc 函数，存储并输出最优解的迭代收敛过程。

主函数代码（QuasiNewtonMethodMain. m）：

```
clear all
format(' long' )
x0 = -[1, 1]' ;
global omega;
global sigma;
omega = [-5]' ;
```

```
sigma = 2;
epsilon = 1e-10;
c = 2;
beta = 1/2;
XY = x0;
for i = 1: 50
    g0 = gfun(x0);
    [x1, fval1] = fminunc('myfunobj', x0);
    XY = [XY  x1];
    g1 = gfun(x1);
    if abs(g1) < epsilon
        break;
    else
        if g1 > 0 && abs(g1/g0) > beta
            sigma = c * sigma;
        end
    end
    omega = max(0, omega + sigma * g1);
    x0 = x1;
end
x1, fval1
maxError = max(abs(x1 - [2/3 1/3]'))
figure(1), plot(XY(1, :),XY(2, :), '-o')
hold on, grid on
xlabel('x_1', 'FontSize', 12)
ylabel('x_2', 'FontSize', 12)
xc =-0:0.1:1;
yc = -xc+1;
plot(xc, yc, '-r')
text(0.4, 0.7, '-x_1-x_2+1 = 0', 'FontSize', 12)
```

目标函数代码（myfunobj. m）：

```
function [f] = myfunobj(x)
global omega;
```

```
global sigma;
dmax = max(0, omega + sigma * gfun(x));
f = x(1)^2 + 2 * x(2)^2 + ...
    1/(2 * sigma) * (dmax * dmax - omega * omega);
```

约束函数代码（gfun. m）：

```
function [g] = gfun(x)
g(1) = - x(1) - x(2)+1;
```

运行结果如下：

```
xk =
   1.000000000000001
  -0.000000000000001
fval =
     0
```

收敛过程如图 5. 12 所示。

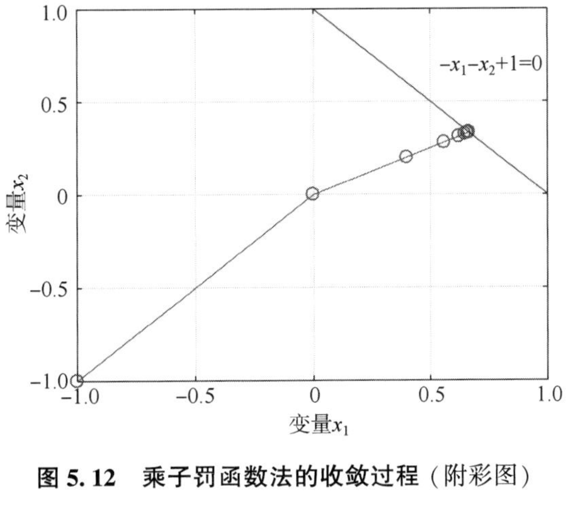

图 5. 12　乘子罚函数法的收敛过程（附彩图）

习　题

1. 求解有约束优化问题的罚函数法有什么缺点？有哪些避免（或缓解）方法？

2. 外点罚函数是否始终从可行域外部趋向于最优解？如果优化的初始点取在可行域内部，会发生什么情况？

3. 简述可行方向法、二次规划法与线性规划之间的关系。

4. 应用乘子罚函数法求解下述非线性规划问题：

$$\min \ f(\boldsymbol{x}) = x_1^2 + x_1x_2 + 2x_2^2$$

$$\text{s.t.} \ x_1 + 2x_2 - 3 \geqslant 0$$

5. 采用 Lemke 法求解下述二次规划问题：

$$\min f(\boldsymbol{x}) = x_1^2 - 2x_1x_2 + 2x_2^2 - 4x_1$$

$$\text{s.t.} \begin{cases} x_1 + x_2 \leqslant 6 \\ x_1 - 4x_2 \leqslant 0 \\ x_1 \geqslant 0, \ x_2 \geqslant 0 \end{cases}$$

第 6 章

飞行器轨迹优化

6.1 引　　言

优化知识在航空航天领域具有广泛的应用，包括飞行器总体方案优化、气动构型优化、飞行轨迹优化、最优控制、结构优化等方面。本章和下一章将分别以飞行器轨迹优化和总体参数优化为例，介绍优化在航空航天中的应用。

6.2 飞行器轨迹优化

轨迹优化贯穿于飞行器全寿命周期，对于飞行器设计有着十分重要的意义和工程实际价值。轨迹优化历来都被作为飞行器总体优化的一个重要组成部分，在方案论证与设计阶段，任何涉及飞行器的总体优化都离不开经过优化的轨迹的检验。在飞行任务运营阶段，飞行器设计状态基本已定，轨迹优化是提高飞行器性能的为数不多的途径，在某种程度上也是唯一途径。另外，轨迹优化本质上是动力学过程优化，在航空航天动力学系统的最优控制中具有广泛的适用性。

6.2.1 轨迹优化问题示例

例 6.2.1　登月舱月球软着陆轨迹优化问题。

如图 6.1 所示，为了使登月舱在月球表面软着陆（即在月球表面的着陆速度为零），需要设计制动发动机推力的变化规律，使得着陆过程消耗的燃料量最少。

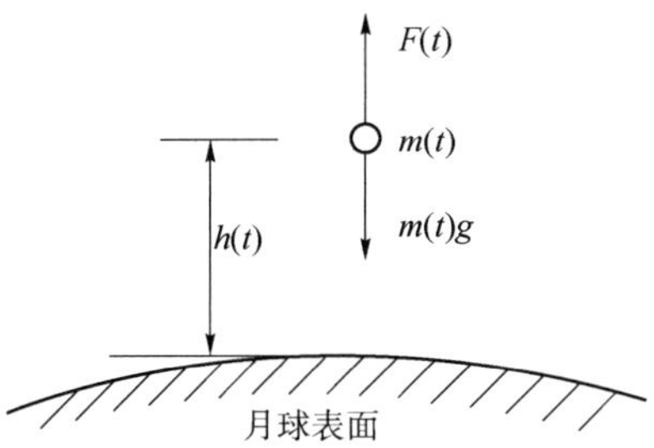

图 6.1　登月舱月球软着陆轨迹优化问题示意图

登月舱月球软着陆轨迹优化问题的优化目标是终端质量最大，即目标函数为

$$J = -m(t_f) \tag{6.1}$$

式中，t_f 为终端时刻，为自由变量。

动力学方程为

$$\dot{h} = v, \quad \dot{v} = -g + \frac{F}{m}, \quad \dot{m} = -\frac{F}{I_{sp}g} \tag{6.2}$$

式中，状态变量 h、v、m 分别为登月舱的高度、速度和质量；g 为月球表面的重力加速度；I_{sp} 为制动发动机的推进剂比冲。

控制变量为推力 $F(t)$，其边界为

$$0 \leqslant F(t) \leqslant F_{max} \tag{6.3}$$

为了便于优化，采用规范化单位，那么相关参数取值为：$F_{max} = 1.1$，$I_{sp} = 1$，$g = 1$，相应的规范化初始条件为

$$h(t_0) = 0.5, \quad v(t_0) = -0.05, \quad m(t_0) = 1.0 \tag{6.4}$$

式中，t_0 为初始时间，$t_0 = 0$。

为了实现软着陆，需满足终端条件：

$$h(t_f) = 0, \quad v(t_f) = 0 \tag{6.5}$$

为了使问题有物理意义，还需满足下述条件：

$$m(t_f) > 0 \tag{6.6}$$

登月舱软着陆轨迹优化问题可描述为寻找推力 $F(t)$，使得目标函数（式（6.1））最小化，同时满足动力学方程（式（6.2））、控制变量约束（式（6.3）），以及边界条件（式（6.4）~式（6.6））。

例 6.2.2 地球－火星转移轨道优化问题。

如图 6.2 所示，地球－火星转移轨道优化问题可描述为：给定推力大小，寻找最优推力方向角 $\psi(t)$，使得飞行器从地球轨道转移至火星轨道的耗时最短。

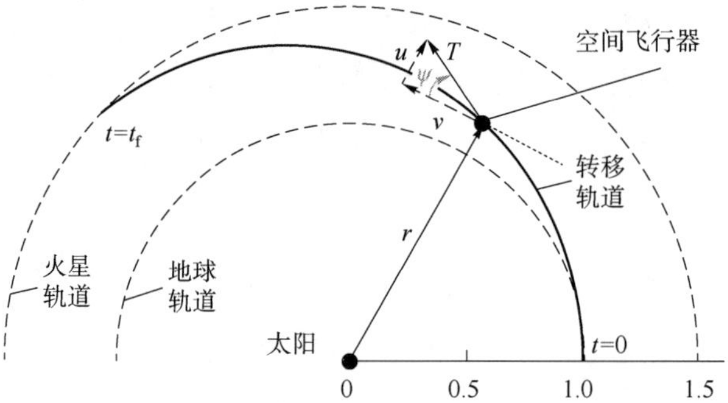

图 6.2 地球火星转移轨道优化问题示意图

描述空间飞行器质心运动的微分方程组为

$$\begin{cases} \dot{r} = u \\ \dot{\theta} = \dfrac{v}{r} \\ \dot{u} = \dfrac{v^2}{r} - \dfrac{\mu}{r^2} + \dfrac{T}{m}\sin\psi \\ \dot{v} = -\dfrac{uv}{r} + \dfrac{T}{m}\cos\psi \\ \dot{m} = -\dfrac{T}{g_0 I_{sp}} \end{cases} \tag{6.7}$$

式中，r 为飞行器距离引力中心的距离；u 为径向速度分量；v 为切向速度分量；m 为飞行器质量；ψ 为推力方向角；μ 为引力常数；推力 $T = 0.1405$；$g_0 I_{sp} = 1.8766$。长度和时间采用天文单位 AU 和 TU，对应的引力常数 $\mu = 1$。

初始轨道为地球轨道，初始条件为

$$\begin{cases} r(t_0) = r_0 = 1\ \text{AU}, \qquad u(t_0) = 0 \\ v(t_0) = \sqrt{\dfrac{\mu}{r_0}} = 1\ \text{AU/TU}, \quad m(t_0) = 1 \end{cases} \tag{6.8}$$

式中，t_0 为初始时间，$t_0 = 0$。

目标轨道为火星轨道，终端条件为

$$\begin{cases} r(t_f) = r_f = 1.5\ \text{AU} \\ u(t_f) = 0 \\ v(t_f) = \sqrt{\dfrac{\mu}{r_f}} = \sqrt{\dfrac{2}{3}}\ \text{AU/TU} \end{cases} \tag{6.9}$$

目标函数是轨道转移过程中消耗的时间最短

$$J = t_f \tag{6.10}$$

式中，t_f 为终端时间。由于推力大小固定，因而时间最短等价于燃耗最优。

6.2.2　轨迹优化问题描述

轨迹优化问题本质上属于最优控制问题。根据性能指标的形式不同，最优控制问题可分为 Mayer 问题、拉格朗日问题和 Bolza 问题。其中，Mayer 问题和拉格朗日问题都可以看作 Bolza 问题的特殊形式。

因此，不失一般性，以 Bolza 型最优控制问题为例。Bolza 型最优控制问题描述为：求解最优控制 $\boldsymbol{u}(t) = \boldsymbol{u}^*(t) \in \mathbf{R}^m$，使得如下目标函数最小化：

$$J = M[\boldsymbol{x}(t_0), t_0, \boldsymbol{x}(t_f), t_f] + \int_{t_0}^{t_f} L[\boldsymbol{x}(t), \boldsymbol{u}(t), t]\,dt \tag{6.11}$$

并且状态变量 $\boldsymbol{x}(t) \in \mathbf{R}^m$，初始时间 t_0 以及终端时间 t_f 满足状态方程

$$\dot{\boldsymbol{x}} = \boldsymbol{f}[\boldsymbol{x}(t), \boldsymbol{u}(t), t], \quad t \in [t_0, t_f] \tag{6.12}$$

端点约束

$$\boldsymbol{\Phi}[\boldsymbol{x}(t_0), t_0, \boldsymbol{x}(t_f), t_f] = \mathbf{0} \tag{6.13}$$

以及路径约束

$$\boldsymbol{C}[\boldsymbol{x}(t), \boldsymbol{u}(t), t] \leqslant \mathbf{0}, \quad t \in [t_0, t_f] \tag{6.14}$$

在式（6.11）～式（6.14）中，M、L、$\boldsymbol{f}$、$\boldsymbol{\Phi}$ 和 $\boldsymbol{C}$ 的定义如下：

$$M: \mathbf{R}^n \times \mathbf{R} \times \mathbf{R}^n \times \mathbf{R} \to \mathbf{R}$$

$$L: \mathbf{R}^n \times \mathbf{R}^m \times \mathbf{R} \to \mathbf{R}$$

$$\boldsymbol{f}: \mathbf{R}^n \times \mathbf{R}^m \times \mathbf{R} \to \mathbf{R}^n$$

$$\boldsymbol{\Phi}: \mathbf{R}^n \times \mathbf{R} \times \mathbf{R}^m \times \mathbf{R} \to \mathbf{R}^\phi$$

$$\boldsymbol{C}: \mathbf{R}^n \times \mathbf{R}^m \times \mathbf{R} \to \mathbf{R}^c$$

式（6.11）～式（6.14）为连续 Bolza 问题的数学描述。

轨迹优化问题的求解方法可分为间接法和直接法两大类。间接法主要依据最优控制理论，但求解过程非常复杂，而且间接法得到的两点边值问题的求解难度非常大。近年来，随着计算机技术和数值计算方法的发展，直接法逐渐成为轨迹优化的研究热点。接下来，主要对直接法中的打靶法和配点法进行介绍。

6.3 直接打靶法

直接打靶法（简称“打靶法”）通过引入离散节点将控制变量离散化，如图 6.3 所示，以节点处的控制变量作为优化变量，通过插值构造控制变量的连续函数，然后根据构造的控制变量连续函数采用数值方法积分状态方程得到目标函数和约束条件等。由此可见，直接打靶法只对控制变量进行离散。

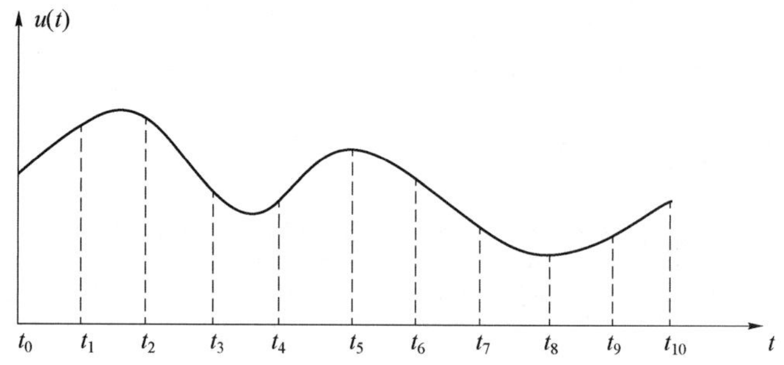

图 6.3 直接打靶法示意图

直接打靶法基本流程：

第 1 步，取 $N+1$ 个离散节点，即

$$G=\{t_i,\ i=0,1,\cdots,N;\ t_0=0,\ t_N=t_f;\ t_i<t_{i+1},\ i=0,1,\cdots,N\} \tag{6.15}$$

以 t_i 时刻的控制变量 u_i 作为优化变量，共有 $(N+1)\times m$ 个变量。若终端时间 t_f 未知，则将终端时间 t_f 也作为优化变量。

第 2 步，根据节点处的控制变量插值构造连续控制变量。以线性插值为例

$$\boldsymbol{u}(t)=\boldsymbol{u}_i+\frac{\boldsymbol{u}_{i+1}-\boldsymbol{u}_i}{t_{i+1}-t_i}(t-t_i),\ t_i<t<t_{i+1},\ i=0,1,\cdots,N \tag{6.16}$$

第 3 步，采用数值方法从 t_0 到 t_f 积分状态方程组和目标函数中的拉格朗日积分项，得到状态变量，然后计算目标函数和约束等值供优化算法调用。

直接打靶法由于只对控制变量进行离散，产生的优化变量数量较少。一般认为，直接打靶法的收敛性比配点法差一些，需要合适的初值才能收敛。

例 6.3.1 登月舱月球软着陆轨迹优化问题（问题描述参见例 6.2.1）。

解析 采用直接打靶法求解该问题。取 $N=20$，那么在区间 $[t_0,t_f]$ 上共有 21 个均匀分布的离散节点，离散节点的集合如下：

$$G=\left\{t_i=t_0+(t_f-t_0)\frac{i}{N},\ i=0,1,\cdots,N\right\}$$

相应的离散优化变量为 $(u_0,u_1,\cdots,u_N,t_f)$。为了便于叙述，这里采用欧拉预测校正公式（实际应用时通常采用高阶格式）积分状态方程，即

$$\begin{cases}\bar{\boldsymbol{x}}_{i+1}=\boldsymbol{x}_i+h_i\boldsymbol{f}(\boldsymbol{x}_i,\boldsymbol{u}_i,t_i)\\[2mm] \boldsymbol{x}_{i+1}=\boldsymbol{x}_i+\dfrac{h_i}{2}[\boldsymbol{f}(\boldsymbol{x}_i,\boldsymbol{u}_i,t_i)+\boldsymbol{f}(\bar{\boldsymbol{x}}_{i+1},\boldsymbol{u}_{i+1},t_{i+1})]\end{cases}$$

式中，$\boldsymbol{x}=[h,v,m]^{\mathrm{T}}$；$\boldsymbol{x}_0=[0.5,\ -0.05,1.0]^{\mathrm{T}}$；$h_i=t_{i+1}-t_i$；$i=0,1,\cdots,N-1$；

$$\boldsymbol{f}(\boldsymbol{x},\boldsymbol{u},t)=\begin{bmatrix}v\\ -g+\dfrac{F}{m}\\ -\dfrac{F}{I_{sp}g}\end{bmatrix}$$

由式（6.1）可知，目标函数为

$$J=-\boldsymbol{x}_N(3)$$

由式（6.5）可知，约束条件为

$$\boldsymbol{x}_N(1)=0,\quad \boldsymbol{x}_N(2)=0$$

采用 MATLAB 的 fmincon 函数求解该问题，MATLAB 代码如下：

主函数代码（fminconMain. m）：

```
clear all
N = 20;
umax = 1.1;
```

```
x0 = [zeros(N+1, 1); umax];
lb = [zeros(N+1, 1); 0.1];
ub = [zeros(N+1, 1) + umax; 3];
%调用 fmincon
[x, fval, exitflag] = fmincon('myfunobj', x0, [], [], [], [], lb, ub, 'myfuncon')
%输出控制变量曲线
tf = x(end);
time = linspace(0, tf, N+1);
control = x(1:N+1);
figure, plot(time, control, '-or')
grid on
xlabel('t', 'FontSize', 12);
ylabel('u', 'FontSize', 12);
%积分状态变量
T = 0;
Y = [0.5  -0.05  1.0]';
N2 = 5 * N;
step = tf/N2;
TY = [T  Y'];
for i = 1:N2
    Y1 = Y + step * rhfunc(T, Y, x);
    T1 = T + step;
    Y = Y + step/2 * (rhfunc(T, Y, x) + rhfunc(T1, Y1, x));
    T = T + step;
    TY = [TY; [T;Y]'];
end
%输出状态变量曲线
figure, plot(TY(:, 1), TY(:, 2), '-'), grid on
xlabel('t', 'FontSize', 12);
ylabel('h', 'FontSize', 12);
figure, plot(TY(:, 1), TY(:, 3), '-'), grid on
xlabel('t', 'FontSize', 12);
ylabel('v', 'FontSize', 12);
figure, plot(TY(:, 1), TY(:, 4), '-'), grid on
xlabel('t', 'FontSize', 12);
ylabel('m', 'FontSize', 12);
```

目标函数代码（myfunobj. m）：

```
function [f] = myfunobj(x)
N = length(x) - 1;
tf = x(end);
T = 0;
Y = [0.5  -0.05  1.0]';
N2 = 5 * N;
step = tf/N2;
for i = 1:N2
    Y1 = Y + step * rhfunc(T, Y, x);
    T1 = T + step;
    Y = Y + step/2 * (rhfunc(T, Y, x) + rhfunc(T1, Y1, x));
    T = T + step;
end
f =- Y(3);
```

约束函数代码（myfuncon. m）：

```
function [g, ceq] = myfuncon(x)
N = length(x)- 1;
tf = x(end);
g =[];
ceq = zeros(2, 1);
T = 0;
Y = [0.5  -0.05  1.0]';
N2 = 5 * N;
step = tf/N2;
for i = 1:N2
    Y1 = Y + step * rhfunc(T, Y, x);
    T1 = T + step;
    Y = Y + step/2 * (rhfunc(T, Y, x) + rhfunc(T1, Y1, x));
    T = T + step;
end
ceq(1) = Y(1) - 0;
ceq(2) = Y(2) - 0;
```

状态方程右函数代码（rightfun. m）：

```
function  dy=rhfunc(t, y, x)
N = length(x) - 1;
tf = x(end);
time = linspace(0, tf, N);
control = x(1:N);
u = interp1(time, control, t, ' linear' , ' extrap' );
Isp = 1;
g = 1;
h = y(1);
v = y(2);
m = y(3);
hdot = v;
vdot = - g+u. /m;
mdot = - u/(Isp * g);
dy = [ hdot   vdot   mdot]' ;
```

程序运行结果如图 6. 4~图 6. 7 所示，最优目标函数为 $J^* = -0.2738$。其中，图 6. 4 为优化得到的控制变量随时间变化曲线，图 6. 5~图 6. 7 为根据优化的控制变量采用欧拉预测校正公式积分微分方程组得到的状态变量变化曲线。可见，数值积分得到的状态变量严格满足终端约束要求。本算例仿真采用的计算平台为 MacBook Air（处理器为 Intel Core i5-5250U 1. 6 GHz；内存为 DDR3 4 GB；操作系统为 Windows 10 企业版；编程语言为 MATLAB R2017a)，优化耗时大约为 111 s。

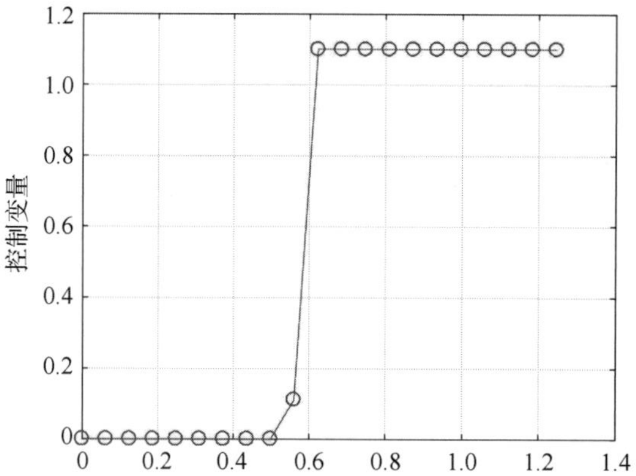

图 6. 4　控制变量随时间变化曲线

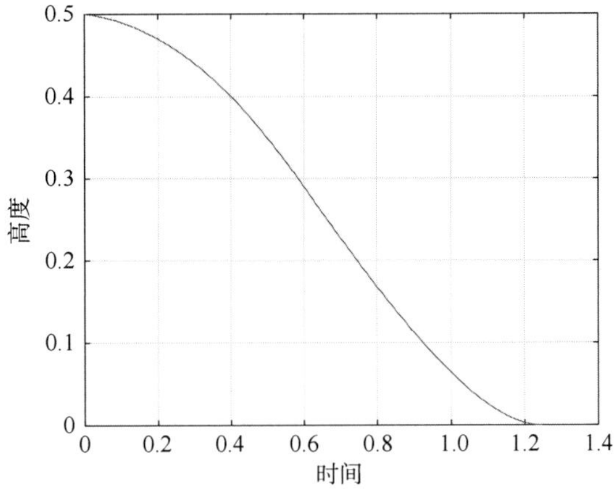

图 6.5　高度随时间变化曲线

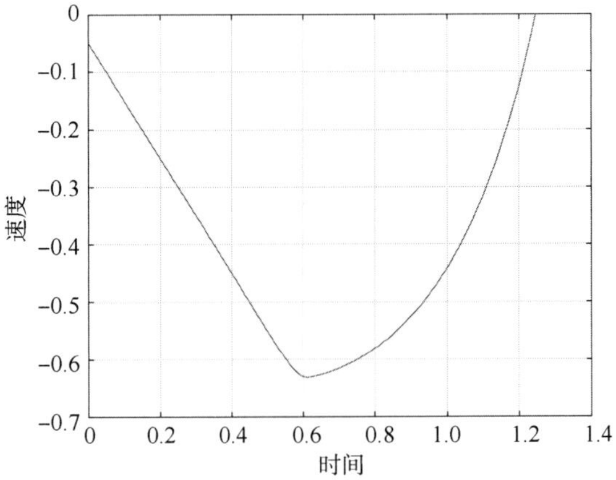

图 6.6　速度随时间变化曲线

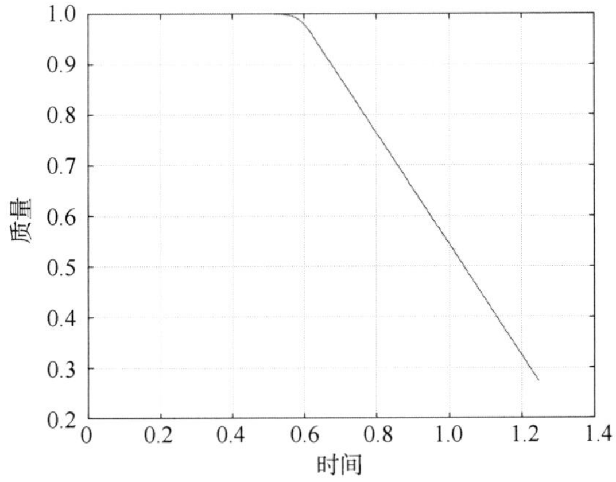

图 6.7　质量随时间变化曲线

6.4 直接配点法

根据采用的离散格式类型不同，配点法分为局部配点法和全局配点法(又称正交配点法、伪谱法)。这里以局部配点法为例进行介绍。

Bolza 问题定义在时间区间 $t \in [t_0, t_f]$。局部配点法要求时间区间定义在$[0,1]$。可通过如下变换将时间变量映射到 $\tau \in [0,1]$：

$$\tau = \frac{t - t_0}{t_f - t_0} \tag{6.17}$$

上述变换对初始和终端时间自由型最优化控制问题仍然成立。应用该变换，可将 Bolza 问题变换为以 τ 为积分变量的形式。目标函数为

$$J = M[\boldsymbol{x}(\tau_0), t_0, \boldsymbol{x}(\tau_f), t_f] + (t_f - t_0) \cdot \int_{\tau_0}^{\tau_f} L[\boldsymbol{x}(\tau), \boldsymbol{u}(\tau), \tau; t_0, t_f] \mathrm{d}\tau \tag{6.18}$$

$$\text{s.t.} \quad \frac{\mathrm{d}\boldsymbol{x}}{\mathrm{d}\tau} = (t_f - t_0) \cdot \boldsymbol{f}(\boldsymbol{x}(\tau), \boldsymbol{u}(\tau), \tau; t_0, t_f), \quad \tau \in [\tau_0, \tau_f] \tag{6.19}$$

$$\boldsymbol{\Phi}[\boldsymbol{x}(\tau_0), t_0, \boldsymbol{x}(\tau_f), t_f] = \boldsymbol{0} \tag{6.20}$$

$$\boldsymbol{C}[\boldsymbol{x}(\tau), \boldsymbol{u}(\tau), \tau; t_0, t_f] \leqslant \boldsymbol{0}, \quad \tau \in [\tau_0, \tau_f] \tag{6.21}$$

式(6.18)~式(6.21)为变换后的连续 Bolza 问题。

区别于直接打靶法，配点法对状态变量和控制变量都进行离散，以离散点的状态变量、控制变量及端点时间为优代变量。假设单位区间$[0,1]$上的 $N+1$ 个离散点为

$$\begin{aligned} G = \{ \tau_i : \tau_i \in [0,1],\ i = 0,1,\cdots,N;\ \tau_0 = 0,\ \tau_N = \tau_f = 1; \\ \tau_i < \tau_{i+1},\ i = 0,1,\cdots,N-1 \} \end{aligned} \tag{6.22}$$

采用局部配点法离散得到的非线性规划问题为

$$\min J = M[\boldsymbol{x}(t_0), t_0, \boldsymbol{x}(t_f), t_f] + \Delta t \sum_{i=0}^{N-1} h_i \sum_{j=1}^{q} \beta_j L_{ij} \tag{6.23}$$

$$\text{s.t.} \quad \boldsymbol{\xi}_i = \boldsymbol{x}_{i+1} - \boldsymbol{x}_i - \Delta t \cdot h_i \sum_{j=1}^{q} \beta_j \boldsymbol{f}_{ij} = \boldsymbol{0},\ i = 0,1,\cdots,N-1 \tag{6.24}$$

$$\boldsymbol{C}_i = \boldsymbol{C}(\boldsymbol{x}_i, \boldsymbol{u}_i, \tau_i; t_0, t_f) \leqslant \boldsymbol{0},\ i = 0,1,\cdots,N \tag{6.25}$$

$$\overline{\boldsymbol{C}}_{ij} = \boldsymbol{C}(\boldsymbol{x}_{ij}, \boldsymbol{u}_{ij}, \tau_{ij}; t_0, t_f) \leqslant \boldsymbol{0},\ \tau_{ij} \in \overline{\boldsymbol{G}} \tag{6.26}$$

$$\boldsymbol{\Phi}(\boldsymbol{x}_0, t_0, \boldsymbol{x}_f, t_f) = \boldsymbol{0} \tag{6.27}$$

$$\Delta t = t_f - t_0 > 0 \tag{6.28}$$

式中，$h_i = \tau_{i+1} - \tau_i$；$\boldsymbol{x}_i = \boldsymbol{x}(\tau_i)$；$\boldsymbol{x}_{ij} = \boldsymbol{x}(\tau_{ij})$；其他变量的下标定义类似；$\overline{G} = \{ \tau_{ij} \in [0,1]: \tau_{ij} \notin G,\ i = 0,1,\cdots,N-1, 1 < j < q \}$。

常见的离散格式有梯形格式（$q=2$，简记为 TR 格式）、Hemite-Simpson 格式（$q=3$，简

记为 HS 格式）和经典四阶龙格-库塔格式（$q=4$，简记为 RK 格式）等。

TR 格式将式（6.11）~式（6.14）所描述的轨迹优化问题在离散节点$\{\tau_i\}_{i=0}^{N}$上进行离散，得到的优化变量为$(\boldsymbol{x}_0,\cdots,\boldsymbol{x}_N;\boldsymbol{u}_0,\cdots,\boldsymbol{u}_N;t_0,t_\mathrm{f})$，目标函数为

$$J = M(\boldsymbol{x}_0,t_0,\boldsymbol{x}_\mathrm{f},t_\mathrm{f}) + \Delta t\sum_{i=0}^{N-1}\frac{h_i}{2}(L_i + L_{i+1}) \tag{6.29}$$

$$\text{s.t. } \boldsymbol{\xi}_i = \boldsymbol{x}_{i+1} - \boldsymbol{x}_i - \Delta t\frac{h_i}{2}(\boldsymbol{f}_i + \boldsymbol{f}_{i+1}) = \boldsymbol{0},\ i = 0,1,\cdots,N-1 \tag{6.30}$$

$$\boldsymbol{C}_i = \boldsymbol{C}(\boldsymbol{x}_i,\boldsymbol{u}_i,\tau_i;t_0,t_f) \leqslant \boldsymbol{0},\ i = 0,1,\cdots,N \tag{6.31}$$

$$\boldsymbol{\Phi}(\boldsymbol{x}_0,t_0,\boldsymbol{x}_\mathrm{f},t_\mathrm{f}) = \boldsymbol{0} \tag{6.32}$$

HS 格式用到区间中点的变量和函数值，为此将区间中点的控制变量作为优化变量并且通常在区间中点处添加路径约束，区间中点的集合为

$$\bar{G} = \left\{\bar{\tau}_{i+1} = \tau_i + \frac{h_i}{2},\ i = 0,1,\cdots,N-1\right\} \tag{6.33}$$

采用HS格式得到的NLP问题的优化变量为$(\boldsymbol{x}_0,\cdots,\boldsymbol{x}_N;\boldsymbol{u}_0,\cdots,\boldsymbol{u}_N;\bar{\boldsymbol{u}}_1,\cdots,\bar{\boldsymbol{u}}_N;t_0,t_\mathrm{f})$，目标函数为

$$J = M(\boldsymbol{x}_0,t_0,\boldsymbol{x}_\mathrm{f},t_\mathrm{f}) + \Delta t\sum_{i=0}^{N-1}\frac{h_i}{6}(L_i + 4\bar{L}_{i+1} + L_{i+1}) \tag{6.34}$$

约束条件为

$$\boldsymbol{\xi}_i = \boldsymbol{x}_{i+1} - \boldsymbol{x}_i - \Delta t\frac{h_i}{6}(\boldsymbol{f}_i + 4\bar{\boldsymbol{f}}_{i+1} + \boldsymbol{f}_{i+1}) = \boldsymbol{0},\quad i = 0,1,\cdots,N-1 \tag{6.35}$$

$$\boldsymbol{C}_i = \boldsymbol{C}(\boldsymbol{x}_i,\boldsymbol{u}_i,\tau_i;t_0,t_\mathrm{f}) \leqslant \boldsymbol{0},\quad i = 0,1,\cdots,N \tag{6.36}$$

$$\bar{\boldsymbol{C}}_{i+1} = \boldsymbol{C}\left(\bar{\boldsymbol{x}}_{i+1},\bar{\boldsymbol{u}}_{i+1},\tau_i + \frac{h_i}{2};t_0,t_\mathrm{f}\right) \leqslant \boldsymbol{0},\quad i = 0,1,\cdots,N-1 \tag{6.37}$$

$$\boldsymbol{\Phi}(\boldsymbol{x}_0,t_0,\boldsymbol{x}_\mathrm{f},t_\mathrm{f}) = \boldsymbol{0} \tag{6.38}$$

式中，

$$\bar{\boldsymbol{x}}_{i+1} = \frac{\boldsymbol{x}_i + \boldsymbol{x}_{i+1}}{2} + \frac{h_i}{8}(\boldsymbol{f}_i - \boldsymbol{f}_{i+1})$$

$$\bar{\boldsymbol{f}}_{i+1} = \boldsymbol{f}\left(\bar{\boldsymbol{x}}_{i+1},\bar{\boldsymbol{u}}_{i+1},t_i + \frac{h_i}{2}\right)$$

$$\bar{L}_{i+1} = L\left(\bar{\boldsymbol{x}}_{i+1},\bar{\boldsymbol{u}}_{i+1},t_i + \frac{h_i}{2}\right)$$

在数值优化时，为了使问题有物理意义，还需要添加时间差约束：

$$\Delta t = t_\mathrm{f} - t_0 > 0 \tag{6.39}$$

例 6.4.1　登月舱月球软着陆轨迹优化问题（问题描述参见例 6.2.1）。

解析　取 21 个均匀分布的离散节点（$N=20$），即

$$G=\left\{t_i=t_0+(t_f-t_0)\frac{i}{N},\ i=0,1,\cdots,N\right\}$$

采用 TR 格式将该问题离散化，离散的优化变量为（$\boldsymbol{x}_0,\cdots,\boldsymbol{x}_N;\boldsymbol{u}_0,\cdots,\boldsymbol{u}_N;t_0,t_f$），离散得到的非线性规划的目标函数为

$$\min J=-\boldsymbol{x}_N(3)$$

$$\text{s.t.}\ \boldsymbol{\xi}_i=\boldsymbol{x}_{i+1}-\boldsymbol{x}_i-\Delta t\frac{h_i}{2}(\boldsymbol{f}_i+\boldsymbol{f}_{i+1})=\boldsymbol{0},\quad i=0,1,\cdots,N-1$$

$$0\leqslant F_i\leqslant F_{\max},\quad i=0,1,\cdots,N$$

$$\boldsymbol{x}_0(1)=0.5,\quad \boldsymbol{x}_0(2)=-0.05,\quad \boldsymbol{x}_0(3)=1.0$$

$$\boldsymbol{x}_N(1)=0,\quad \boldsymbol{x}_N(2)=0$$

式中，$\boldsymbol{x}=[h,v,m]^{\mathrm{T}}$；$\boldsymbol{u}=F$；$h_i=\tau_{i+1}-\tau_i$；状态方程如下：

$$\boldsymbol{f}(\boldsymbol{x},\boldsymbol{u},t)=\begin{bmatrix} v \\ -g+\dfrac{F}{m} \\ -\dfrac{F}{I_{\mathrm{sp}}g}\end{bmatrix}$$

采用 MATLAB 的 fmincon 函数求解该问题。

主函数代码（fminconMain. m）：

```
clear all
N = 20;
nstate = 3;
ncontrol = 1;
nvar = nstate * (N+1) + ncontrol * (N+1) + 2;
x0 = zeros(nvar,1); % 初值
xlow = zeros(nvar,1); % 变量边界
xupp = ones(nvar,1)+10;
xlow((N+1) * 1+1: (N+1) * 1+N+1) = - 10; % v
xlow((N+1) * 2+1: (N+1) * 2+N+1) = 0. 1; % m
xupp((N+1) * 3+1: (N+1) * 3+N+1) = 1. 2; % u <= 1. 2
xlow(1) = 0. 5;
xupp(1) = 0. 5;
xlow(N+1+1) = - 0. 05;
xupp(N+1+1) = - 0. 05;
xlow((N+1) * 2+1) = 1. 0;
```

```
xupp((N+1) * 2+1) = 1.0;
xlow(N+1) = 0;
xupp(N+1) = 0;
xlow((N+1) * 2) = 0;
xupp((N+1) * 2) = 0;
xlow(nvar - 1) = 0; % t0
xupp(nvar - 1) = 0;
xlow(nvar) = 0.2; % tf
xupp(nvar) = 10;
%选取 sqp 算法
options = optimoptions(@fmincon, 'Algorithm', 'sqp');
%调用 fmincon
[xoutput, fvall, exitflag, output] = fmincon('myfunobj', x0, ...
    [], [], [], [], xlow, xupp, 'myfuncon', options);
%提取状态变量和控制变量
h = xoutput( 1:N+1);
v = xoutput((N+1) * 1+1: (N+1) * 1+N+1);
m = xoutput((N+1) * 2+1: (N+1) * 2+N+1);
u = xoutput((N+1) * 3+1: (N+1) * 2+N+1);
t0= xoutput(nvar - 1);
tf= xoutput(nvar);
%输出结果曲线
t = (0: (1 - 0)/N:1)';
figure; plot(t * (tf - t0), h, '-o');
grid on
xlabel('t', 'FontSize', 12);
ylabel('h', 'FontSize', 12);
figure; plot(t * (tf - t0), v, '-o');
grid on
xlabel('t', 'FontSize', 12);
ylabel('v', 'FontSize', 12);
figure; plot(t * (tf - t0), m, '-o');
grid on
xlabel('t', 'FontSize', 12);
ylabel('m', 'FontSize', 12);
figure; plot(t * (tf - t0), u, '-o');
```

```
grid on
xlabel(' t' , ' FontSize' , 12);
ylabel(' u' , ' FontSize' , 12);
```

目标函数代码（myfunobj. m）:

```
function [f] = myfunobj(xinput)
N = 20;
m = xinput((N+1) * 2+1:(N+1) * 2+N+1);
obj = - m(end);
f = obj;
```

约束函数代码（myfuncon. m）:

```
function   [c, ceq] = myfuncon(xinput)
c = [];
N = 20;
nstate = 3;
ncontrol = 1;
nvar = nstate * (N+1) + ncontrol * (N+1) + 2;
hi = (1 - 0)/N;
t = (0:hi:1)' ;
h = xinput(1:N+1);
v = xinput((N+1) * 1+1:(N+1) * 1+N+1);
m = xinput((N+1) * 2+1:(N+1) * 2+N+1);
u = xinput((N+1) * 3+1:(N+1) * 3+N+1);
t0 = xinput(nvar - 1);
tf = xinput(nvar);
F = zeros(nstate * N, 1);
for i =1: N
    xstate = [h(i), v(i), m(i)]' ;
    ucontrol= u(i);
    time = t(i);
    fi = rightfun(xstate, ucontrol, time);
    xstate = [h(i+1), v(i+1), m(i+1)]' ;
    ucontrol= u(i+1);
    time = t(i+1);
```

```
        fi1 = rightfun(xstate, ucontrol, time);
        F(i) = h(i+1) - h(i) - 0.5 * (tf - t0) * hi * (fi(1) + fi1(1));
        F(N+i) = v(i+1) - v(i) - 0.5 * (tf - t0) * hi * (fi(2) + fi1(2));
        F(N+N+i) = m(i+1) - m(i) - 0.5 * (tf - t0) * hi * (fi(3) + fi1(3));
    end
    ceq = F;
```

状态方程右函数代码（rightfun. m）：

```
function [ f ] = rightfun(xstate, ucontrol, time)
    h = xstate(1);
    v = xstate(2);
    m = xstate(3);
    u = ucontrol(1);
    t = time(1);
    Isp = 1;
    g= 1;
    f = zeros(3, 1);
    f(1) = v;
    f(2) = - g + u/m;
    f(3) = - u/(Isp * g);
```

运行结果如图 6. 8~图 6. 11 所示，最优目标函数为 $J^* = -0.2830$。可见，终端速度和高度严格满足要求，展示了局部配点法的有效性。本算例优化耗时大约 1 s（计算平台与前述相同）。可见，配点法的计算效率显著优于直接打靶法。

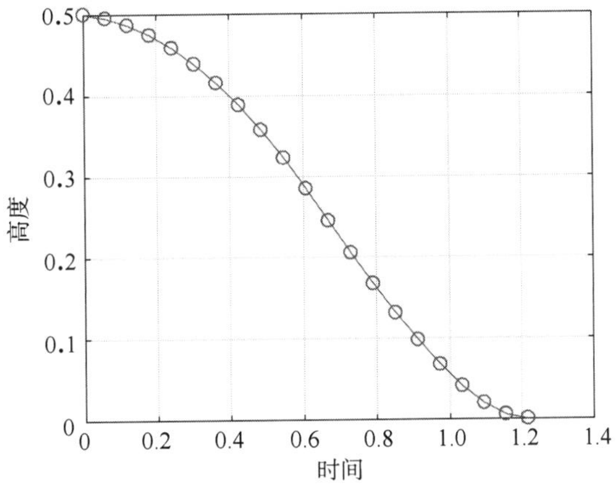

图 6. 8　高度随时间变化曲线

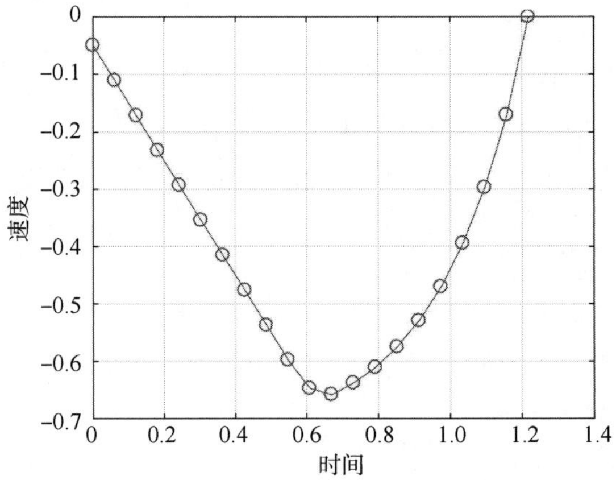

图 6.9　速度随时间变化曲线

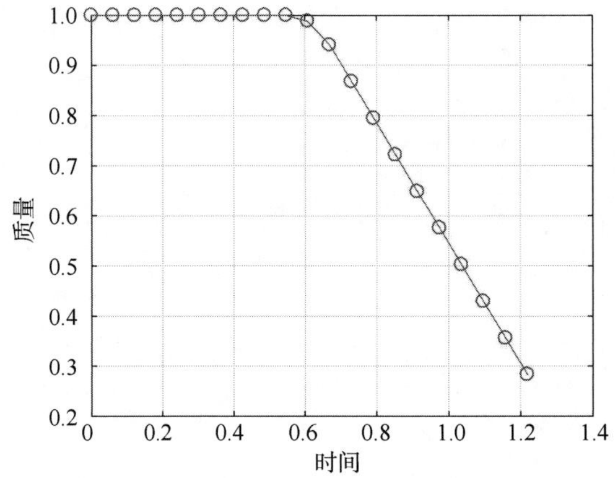

图 6.10　质量随时间变化曲线

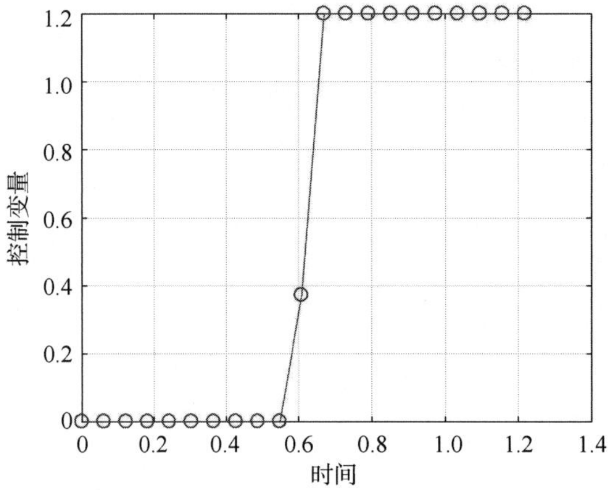

图 6.11　控制变量随时间变化曲线

例 6.4.2　双积分动力系统能量优化。

已知某双积分动力系统的状态方程和边界条件为

$$\begin{cases}\dot{x} = v \\ \dot{v} = u\end{cases}, \quad \begin{cases}x(0) = 0 \\ v(0) = 1\end{cases}, \quad \begin{cases}x(1) = 0 \\ v(1) = -1\end{cases}$$

控制变量约束为

$$x(t) \leqslant 0.04$$

目标函数为

$$J = \frac{1}{2}\int_0^1 u^2 \mathrm{d}t$$

试求解使得目标函数达到最小的最优控制与最优轨迹。

解析　取 101 个均匀分布的离散节点（$N = 100$），即离散节点集合为

$$G = \{0, 0.01, \cdots, 0.99, 1\}$$

采用TR格式将该问题离散化，离散的优化变量为$(\boldsymbol{x}_0, \cdots, \boldsymbol{x}_N; \boldsymbol{u}_0, \cdots, \boldsymbol{u}_N; t_0, t_f)$，离散得到的非线性规划的目标函数为

$$\min J = \Delta t \sum_{i=0}^{N-1} \frac{h_i}{2}(L_i + L_{i+1})$$

约束条件为

$$\xi_i = \boldsymbol{x}_{i+1} - \boldsymbol{x}_i - \Delta t \frac{h_i}{2}(\boldsymbol{f}_i + \boldsymbol{f}_{i+1}) = 0, \quad i = 0, 1, \cdots, N-1$$

$$x(0) = 0, \ v(0) = 1$$

$$x(1) = 0, \ v(1) = -1$$

式中，$\boldsymbol{f} = [\dot{x}(t), \dot{v}(t)]^{\mathrm{T}} = [v(t), u(t)]^{\mathrm{T}}$；$L = \frac{1}{2}u^2(t)$；$\Delta t = 1$；$h_i = 0.01$。

采用 MATLAB 编程求解上述问题，运行结果如图 6.12～图 6.14 所示，最优目标函数 $J^* = 11.1853$。可见，各状态变量的边界条件以及状态变量 x 的路径约束都严格满足要求，展示了局部配点法的有效性。本算例优化耗时 3 s（采用的计算平台与前述相同）。该算例再次证实了配点法具有较高的优化效率。

例 6.4.3　地球火星转移轨道优化问题（问题描述参见例 6.2.2）。

采用直接配点法求解该问题（采用 Hermite-Simpson 离散格式），并采用网格细化技术动态调整节点分布（参见文献［9］）。图 6.15 给出了最优控制量（推力方向角）随时间变化曲线，其中符号圆圈“∘”表示离散节点处的最优解，星号“＊”表示区间中点处的最优解。图 6.17～图 6.19 给出了沿最优转移轨迹的状态变量随时间变化曲线。图 6.20 给出了最优转移轨道。最优目标函数为 $J^* = 3.2481$ TU。

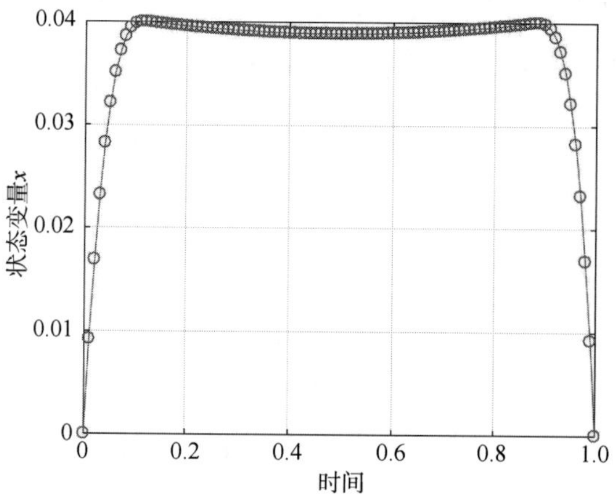

图 6.12　状态变量 x 随时间变化曲线

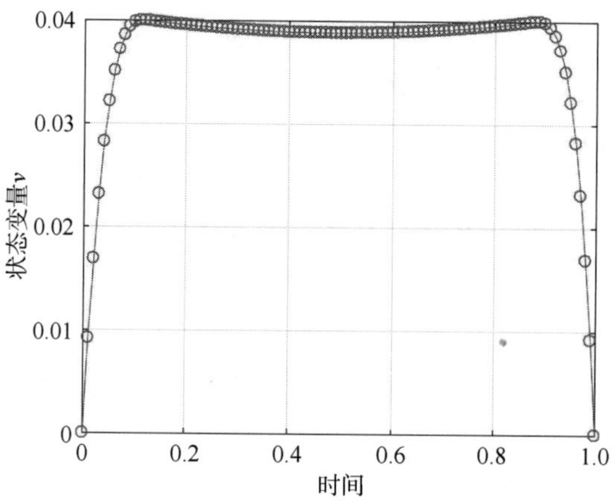

图 6.13　状态变量 v 随时间变化曲线

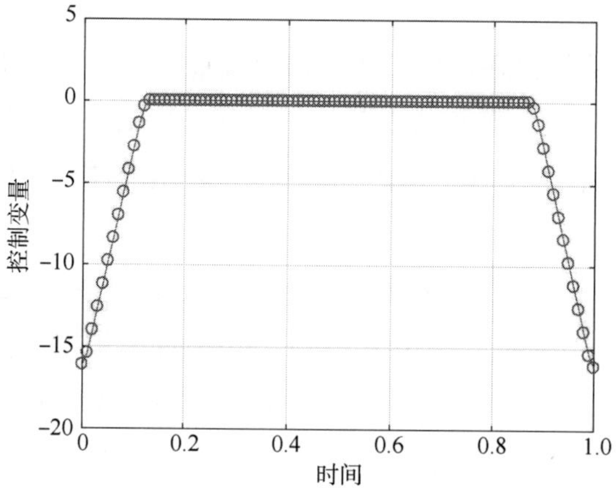

图 6.14　控制变量随时间变化曲线

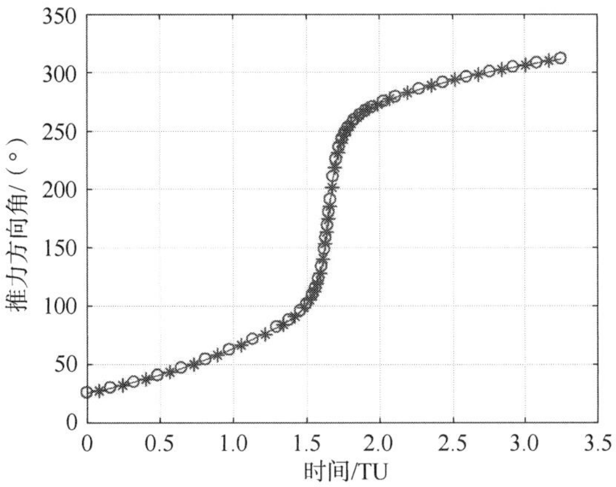

图 6.15 空间飞行器的最优推力方向角随时间变化曲线

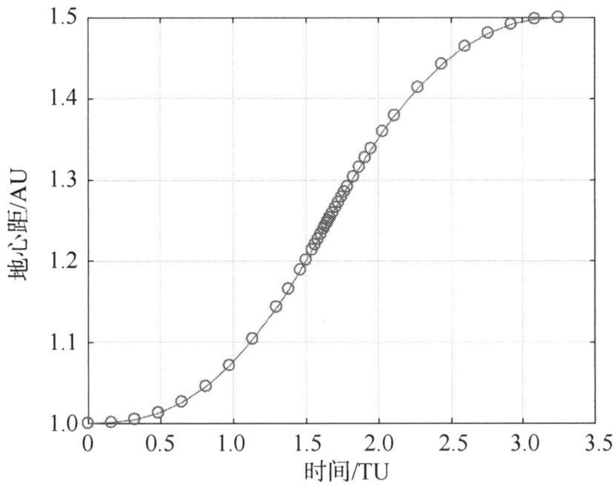

图 6.16 空间飞行器的地心距随时间变化曲线

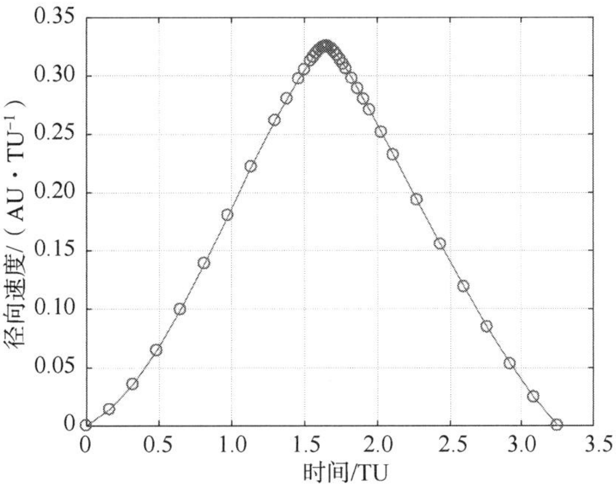

图 6.17 空间飞行器的径向速度随时间变化曲线

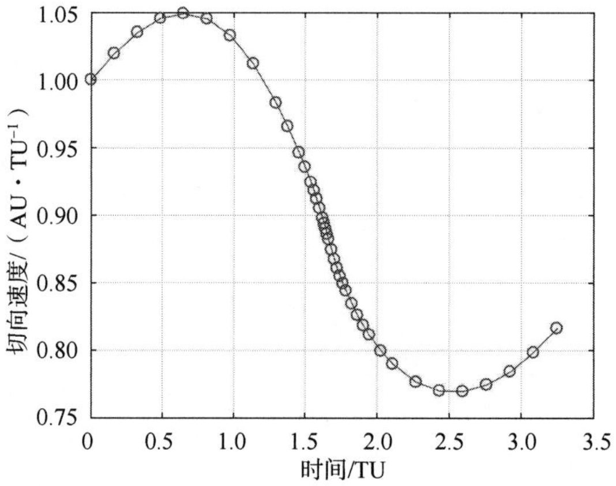

图 6.18　空间飞行器的最优切向速度随时间变化曲线

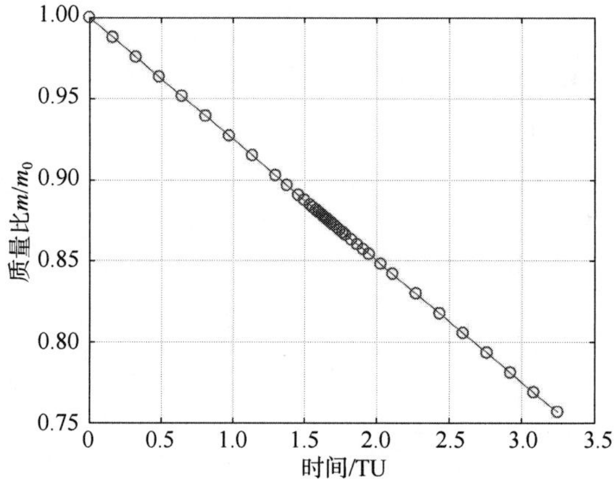

图 6.19　空间飞行器的剩余质量比随时间变化曲线

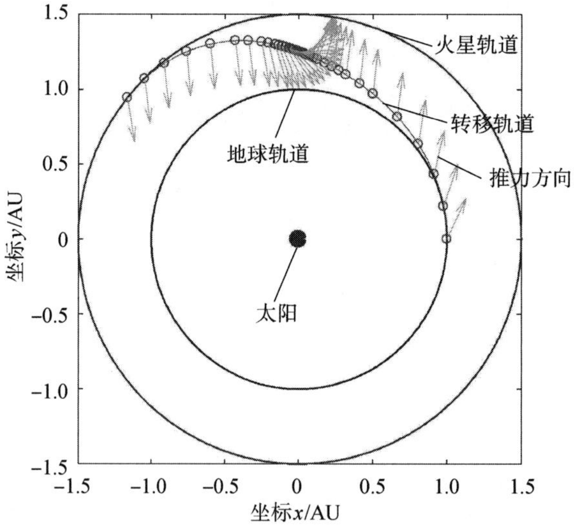

图 6.20　空间飞行器的最优转移轨道（附彩图）

习　题

最速降线问题描述为：一个初速为零的小球在重力作用下从点 A 到不在它垂直下方的点 B（参见图 6.21），如果不计摩擦，那么沿什么形状的轨道滑下需要的时间最短？该问题自 1630 年由伽利略提出以来，经伯努利、牛顿、莱布尼茨、洛比达等科学家研究，已成为最优控制的一个经典算例。

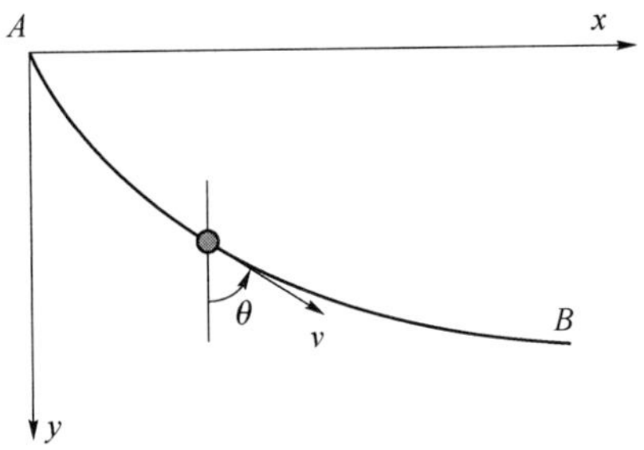

图 6.21　最速降线问题

试结合本章知识，应用直接打靶法或者配点法编程求解该问题（假设点 A 的坐标为 $x_A = 0$、$y_A = 0$，点 B 的坐标为 $x_B = 10$ m、$y_B = 6$ m）。

提示：最速降线问题的状态方程为

$$\begin{cases} \dot{x} = v\sin\theta \\ \dot{y} = v\cos\theta \\ \dot{v} = g\cos\theta \end{cases}$$

式中，(x, y) 为小球的位置坐标；θ 为控制变量；g 为重力加速度。

初始条件为

$$x(t_0) = x_A, \quad y(t_0) = y_A, \quad v(t_0) = 0$$

式中，t_0 为初始时间，$t_0 = 0$。

终端条件为

$$x(t_f) = x_B, \quad y(t_f) = y_B$$

式中，t_f 为终端时间，其值未知。

性能泛函为

$$J = t_f$$

第 7 章

飞行器总体参数优化案例

7.1 引　　言

飞行器总体方案优化是一项复杂的系统工程。本章以飞行器总体参数中的几何构型参数优化为例，介绍优化在飞行器总体方案设计中的应用。

7.2 飞行器几何构型参数

对于图 7.1 所示的高超声速巡航飞行器，在设计阶段面临的问题是：在飞行器总质量给定的情况下，如何确定其构型参数，使得航程最远。

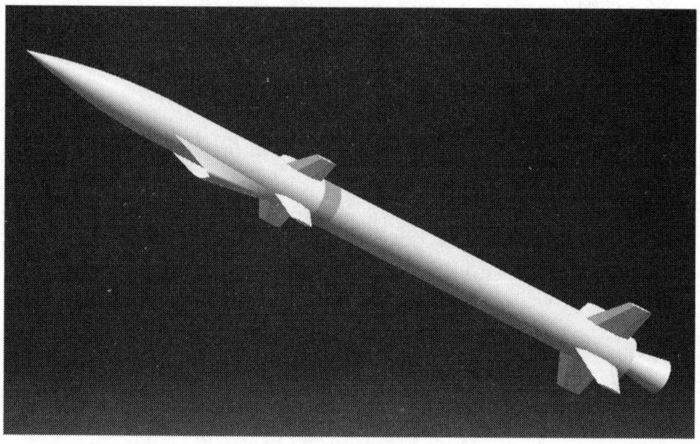

图 7.1　高超声速飞行器（巡航器+助推器）的几何模型

假设图 7.1 所示的高超声速飞行器的几何构型由 6 个参数描述，如表 7.1 所示。其中，进气道高度定义为进气道下唇口离巡航器轴线的距离，进气道宽度定义为进气道的两个侧壁与弹身交点之间的距离。显然，这 6 个参数取不同值时，飞行器的航程有所不同。如何确定这 6 个参数的最优值，使得飞行器的航程尽可能大，这是一个优化问题。

表 7.1　高超声速飞行器（巡航器+助推器）的几何构型参数

几何模型参数		初始参考值
巡航器	头部长度 L_H/mm	1773.25
	身部长度 L_B/mm	1773.25
	身部直径 D_B/mm	443.32
	进气道高度 H_I/mm	310.32
	进气道宽度 W_I/mm	398.98
固体助推器	助推器长度 L_{B2}/mm	3649.74

7.3　飞行器总体性能建模

对于图 7.1 所示的高超声速飞行器，给定几何参数的一组取值之后，首先计算飞行器的气动特性、质量特性、推力特性（包括固体火箭和超燃冲压发动机），然后对飞行轨迹进行优化，分析其航程性能，需要用到空气动力学、结构、推进、飞行动力学仿真与优化等方面的专业知识。其中，飞行轨迹优化在前一节已经涉及。限于篇幅，本章不对其他学科的建模方法进行具体介绍。

除此之外，在通常情况下，给定飞行器几何参数的一组取值后，计算出的飞行器质量特性不一定满足约束要求。在对飞行器轨迹优化时，巡航速度、燃料量和控制参数等也存在约束。因此，本问题是一个约束优化问题。

7.4　飞行器总体集成设计

完成分系统性能建模后，将各学科模型进行集成，搭建飞行器总体集成设计平台，如图 7.2 所示。给定飞行器几何参数的一组取值，该集成设计平台可以自动完成飞行器各分系统性能计算，包括助推器和巡航器质量分配与分系统质量分解、几何模型和面元网格更新、气动计算、发动机性能计算、轨迹优化等，并自行迭代，直到得到巡航飞行器的最大航程。对于几何参数的每一组取值，该集成设计平台耗时 15~30 s 可计算出巡航器的最大航程（计算平台为 HP Z230，处理器为 CPU 3.4 GHz，内存为 DDR3 4 GB；操作系统为 Windows 10 企业版；编程语言为 MATLAB R2017a）。可见，该集成设计平台可实现从飞行器几何构型参数到航程性能的计算过程，供优化算法调用进而对构型参数进行优化。

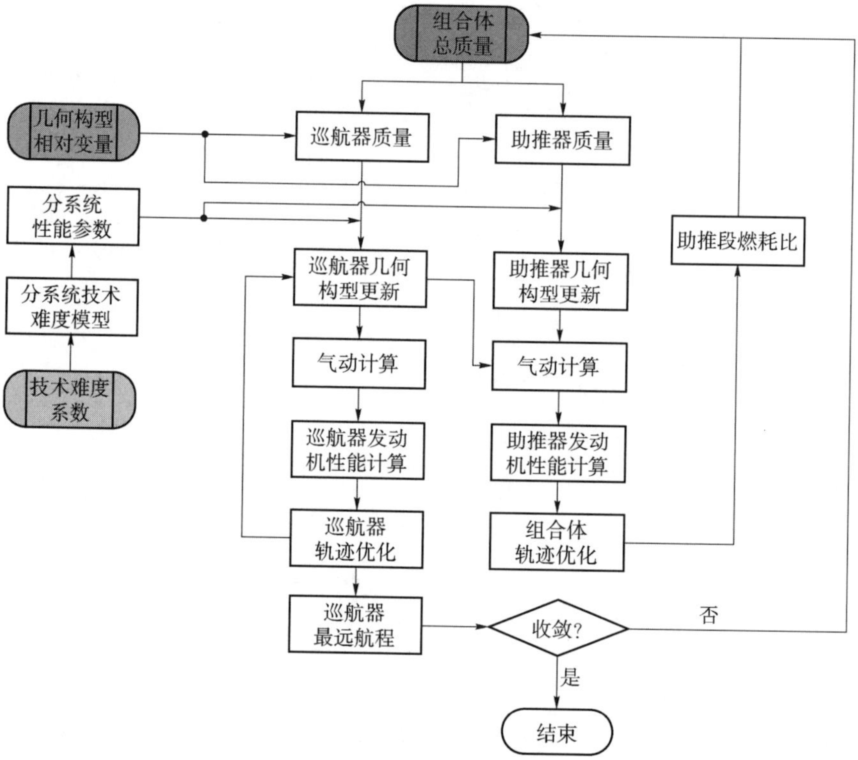

图 7.2　高超声速飞行器总体集成设计

7.5　飞行器构型参数优化

在集成设计平台的基础上，可通过在外层嵌套优化算法对飞行器的几何构型参数进行优化研究。限于专业知识和篇幅，这里略去具体的优化过程，直接给出优化结果，以展示优化的效果。图 7.3 给出了巡航器的优化构型与基准构型的直观对比。其中，巡航器长度由头部长度和身部长度组成，即 $L_{\text{cruiser}} = L_{\text{H}} + L_{\text{B}}$；巡航器直径取其身部直径，即 $D_{\text{cruiser}} = D_{\text{B}}$。可见，与基准构型相比，优化构型的长细比增加，身部直径减小，进气道的高度、宽度均减小，即优化后的飞行器整体变得更加细长一些。

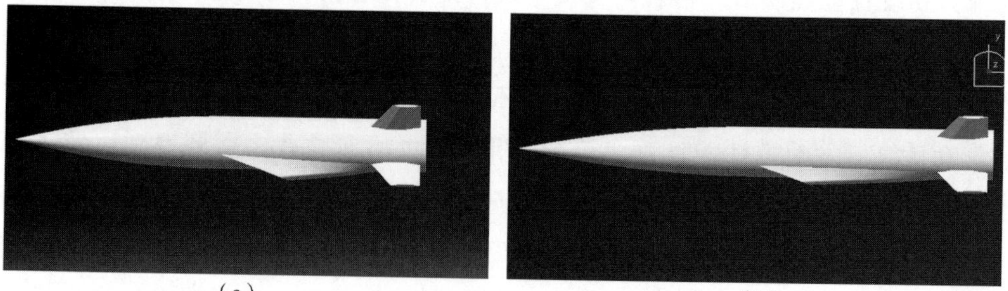

（a）　　　　（b）

图 7.3　巡航器的优化构型与基准构型对比

（a）基准构型（$L_{\text{cruiser}}=3546.5$ mm，$D_{\text{cruiser}}=443.32$ mm）；（b）优化构型（$L_{\text{cruiser}}=4000$ mm，$D_{\text{cruiser}}=417.34$ mm）

表 7.2 给出了飞行器优化构型与基准构型的几何参数对比。可见，相对于基准构型，巡航器优化构型的长细比增加 19.75%，直径减小 5.77%，最大航程增加 27.07%。表 7.3 给出了飞行器优化构型与基准构型的质量分配情况对比。从表中可以看出，优化后，固体助推器的燃料消耗减少 7.55 kg，巡航器质量增加 8.67 kg。由于优化构型的长细比较大，结构质量和防热系统质量共增加 6.60 kg，但是发动机质量减少 7.55 kg，其他分系统质量变化较小，最终使得巡航器的燃料质量增加 8.73 kg。后续分析表明，优化后的构型具有更好的升阻特性。这些影响的综合作用是使得优化构型的航程比基准构型增加 270.90 km（27.07%）。可见，优化后飞行器的分系统性能有的变优，有的变差，但是飞行器的航程性能显著提升。这也反映了系统工程的思想，即飞行器设计是一项复杂的系统工程，各学科专业之间存在紧密的耦合关系，系统工程方法并不是一味追求某些分系统性能的最优化，而是通过协调各个分系统之间的耦合关系来实现飞行器总体性能最优。

表 7.2　飞行器优化构型与基准构型的几何参数对比

飞行器几何构型参数		基准构型	优化构型
巡航器	头部相对长度 $\overline{L}_H = L_H/D_B$	4	4.79
	身部相对长度 $\overline{L}_B = L_B/D_B$	4	4.79
	进气道相对高度 $\overline{H}_B = H_I/D_B$	0.7	0.65
	进气道相对宽度 $\overline{W}_I = W_I/D_B$	0.9	0.85
	身部直径 D_B/mm	442.89	417.34
固体助推器	药柱长度 L_{B2}/mm	3659.90	4083.66
巡航器最大航程/km		1000.64	1271.54

表 7.3　飞行器优化构型与基准构型的质量分配情况对比　　kg

飞行器分系统		基准构型	优化构型
巡航器	有效载荷	200.00	200.00
	发动机	44.12	36.57
	燃料	105.92	114.65
	燃料供给系统	3.53	3.82
	结构	77.54	82.49
	防热系统	25.85	27.50
	电气设备	9.83	10.00
	控制系统	24.55	25.00
	合计	**491.34**	**500.03**
助推器	固体燃料	816.67	809.12
	其他质量	120.99	119.85
	合计	**937.66**	**928.97**
巡航器+助推器总质量		**1429.00**	**1429.00**

图 7.4 给出了巡航器优化构型和基准构型的升力系数、阻力系数以及升阻比的对比。可见，优化构型的最大升阻比为 3.45，相对基准构型的 2.97 增加了 16.16%。升阻比的增加意味着产生相同升力时的阻力更小，更有利于巡航飞行。

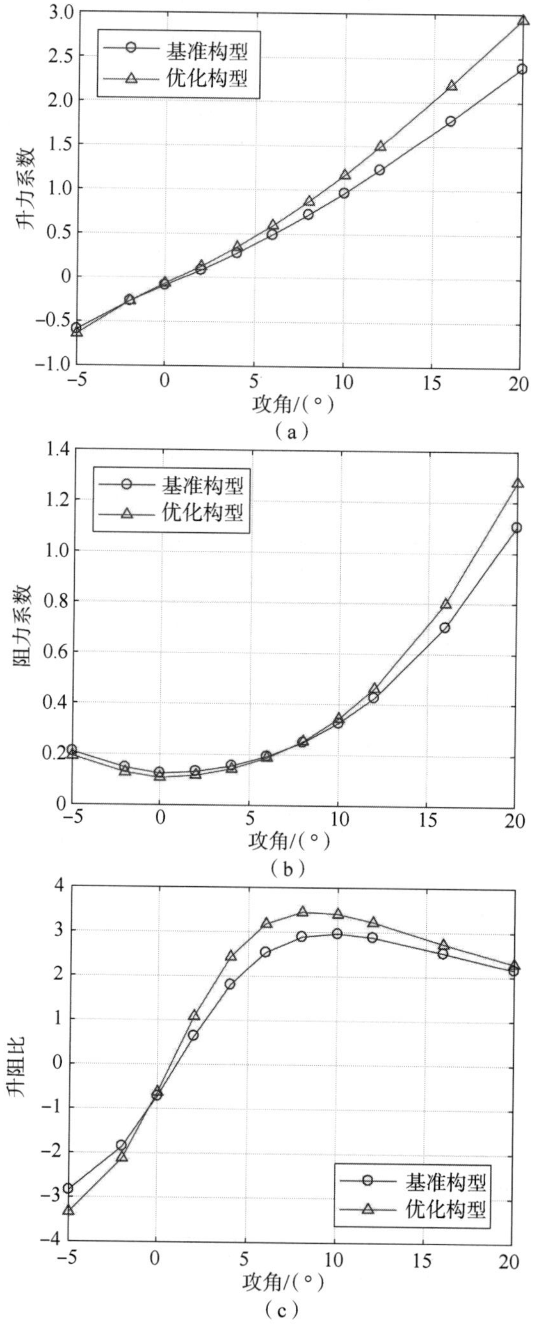

图 7.4　巡航飞行器优化构型与基准构型的气动特性对比

(a) 升力系数；(b) 阻力系数；(c) 升阻比

图 7.5 给出了巡航器优化构型与基准构型的最大航程飞行轨迹的状态变量对比。图 7.6

给出了优化构型与基准构型飞行轨迹的控制变量对比。图 7.7 给出了优化构型与基准构型的飞行轨迹（高度–航程）对比。可见，优化构型与基准构型的最优飞行轨迹存在显著差异。优化构型由于参考面积更小，最优飞行高度更低，但是最大航程为 1271.54 km，相对基准构型增加了 27.07%（基准构型的最大航程为 1000.64 km）。

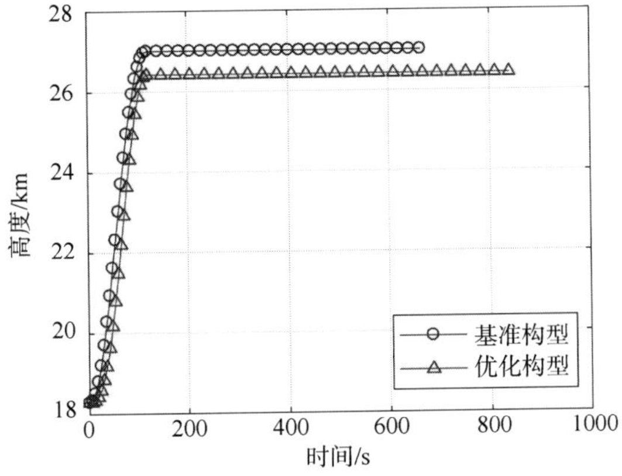

（a）

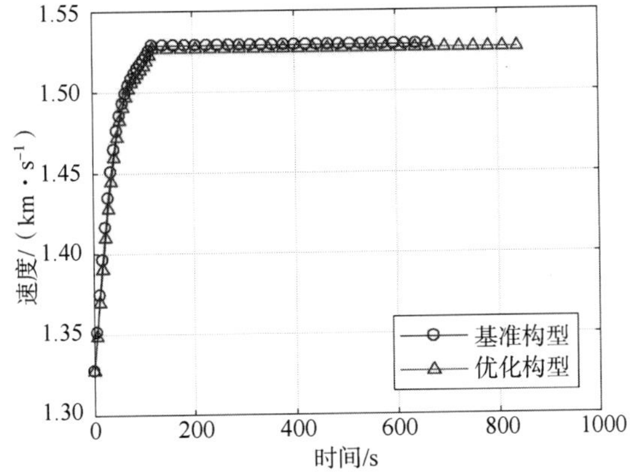

（b）

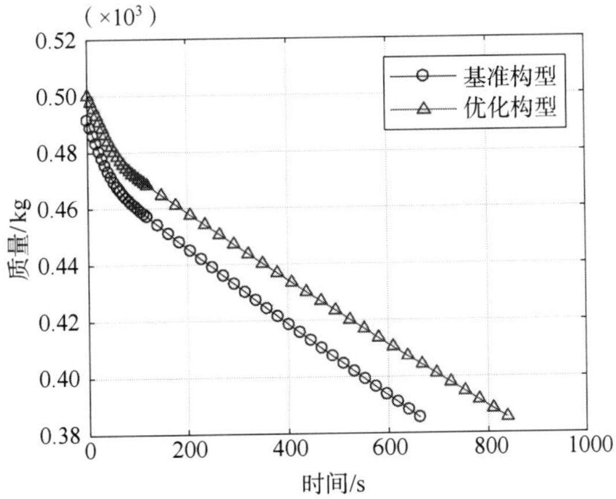

（c）

图 7.5　巡航器优化构型与基准构型飞行轨迹的状态变量对比

（a）高度随时间变化曲线；（b）速度随时间变化曲线；（c）质量随时间变化曲线

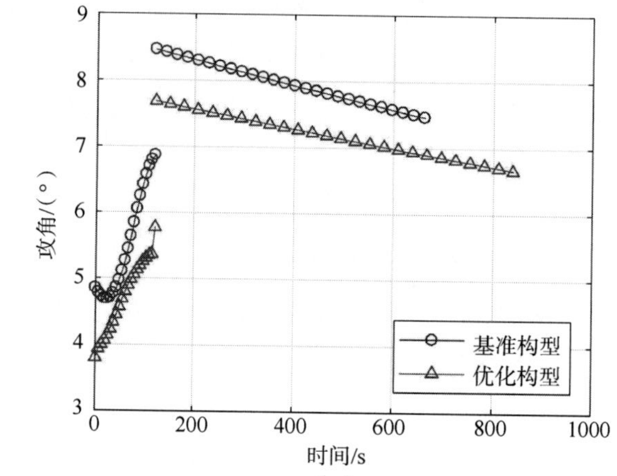

（a）

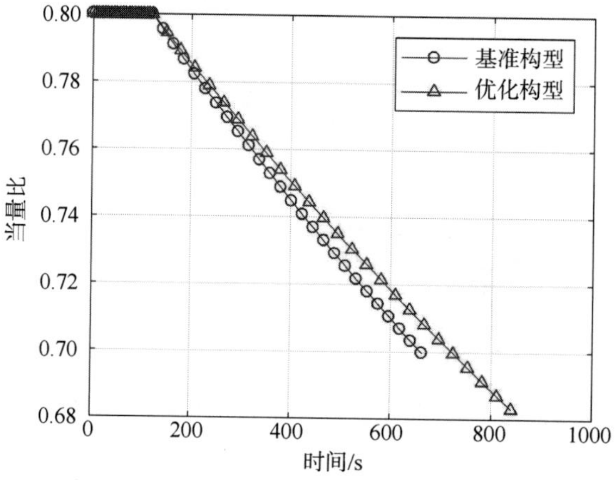

（b）

图 7.6　巡航器优化构型与基准构型飞行轨迹的控制变量对比

（a）攻角随时间变化曲线；（b）燃料当量比随时间变化曲线

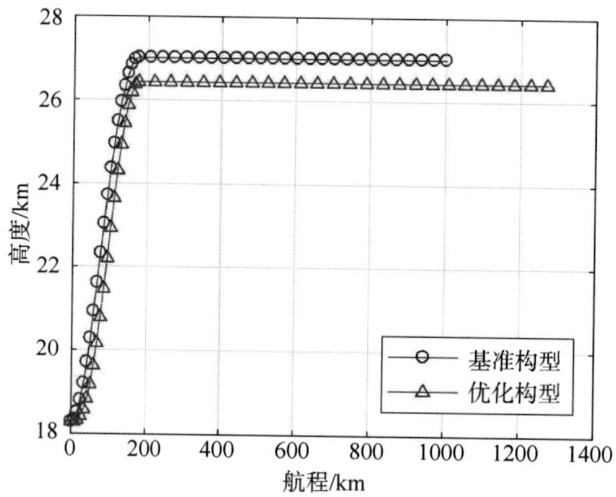

图 7.7　巡航器优化构型与基准构型的飞行轨迹（高度-航程）对比

参 考 文 献

[1] 陈宝林. 最优化理论与算法 [M]. 北京：清华大学出版社，2005.

[2] 唐国金，罗亚中，雍恩米. 航天器轨迹优化理论、方法及应用 [M]. 北京：科学出版社，2012.

[3] 郭乙木，王双连，蔡新. 工程优化——原理、算法与实现 [M]. 北京：机械工业出版社，2008.

[4] 夏人伟. 工程优化理论与算法 [M]. 北京：北京航空航天大学出版社，2003.

[5] 肖筱南，赵来军，党林立. 现代数值计算方法 [M]. 北京：北京大学出版社，2003.

[6] 谷良贤，温炳恒. 导弹总体设计原理 [M]. 西安：西北工业大学出版社，2004.

[7] 刘培玉. 应用最优控制 [M]. 大连：大连理工大学出版社，1990.

[8] 赵吉松. 求解轨迹优化问题的局部配点法的稀疏性研究 [J]. 宇航学报，2017，38（12）：49-58.

[9] 谷良贤，赵吉松. 基于网格细化技术的地球-火星转移轨道优化 [J]. 中国空间科学技术，2013，33（6）：17-25.

[10] GILL P E, MURRAY W, SAUNDERS M A. SNOPT: An SQP algorithm for large-scale constrained optimization [J]. SIAM Review, 2005, 47 (1): 99-131.

[11] AÇIKMEŞE B, PLOEN S R. Convex programming approach to powered descent guidance for Mars landing [J]. Journal of Guidance Control and Dynamics, 2007, 30 (5): 1353-1366.

[12] BIEGLER L T, ZAVALA V M. Large-scale nonlinear programming using IPOPT: An integrating framework for enterprise-wide dynamic optimization [J]. Computers and Chemical Engineering, 2009, 33 (3): 575-582.

[13] BETTS J T. Practical methods for optimal control and estimation using nonlinear programming, advances in design and control series [M]. Philadelphia: Soc. for Industrial and Applied Mathematics, 2009.

[14] HUNTINGTON G T. Advancement and analysis of a Gauss pseudospectral transcription for

optimal control problems [D]. Cambridge: Massachusetts Institute of Technology, 2007.

[15] PATTERSON M A, RAO A V. Exploiting sparsity in direct collocation pseudospectral methods for solving optimal control problems [J]. Journal of Spacecraft and Rockets, 2012, 49 (2): 364-377.

[16] ZHAO J S, LI S. Modified multiresolution technique for mesh refinement in numerical optimal control [J]. Journal of Guidance Control and Dynamics, 2017, 40 (12): 3328-3338.